智能制造系统典型解决方案实施实践指南

主　编　王振林　李金村

副主编（排名不分先后）

岳秀江　白国林　黄雪　谢兵兵　葛昕　刘新

参　编（排名不分先后）

尹作重　王非　王勇　刘振国　石春鹏　乔运华

李永顺　李仲树　李泽军　陈伟才　陈潇潇　赵宏剑

郭瑞　于括　耿运祥　高敬成　王凌雁　李佳桀

贾凤阁　陈传军　吴振　钟路瓴　李青寰　王弘扬

赵瑜伯　李宏兴　刘增元　赵鹏飞　吴晓辉　刘晓冬

卫兵　朱鹏涛　王颖　张文杰　陈琪　王文生

李学先　贾恩明　邱维维　都腾飞　张宇

机械工业出版社

本书是北京机械工业自动化研究所有限公司多年来在自动化行业耕耘的智慧与汗水的结晶。编者从几百个实际工程项目中甄选、梳理出 26 个典型智能制造服务案例。案例涉及自动化改造、数字化采集、智能化提升等多个方面，包括机械、新能源汽车、电气、电子、纺织化纤等行业。

本书可帮助读者了解不同行业智能制造的内涵、不同企业的技术改造过程，以及应用实施效果，希望对各位读者有借鉴、参考价值。

图书在版编目（CIP）数据

智能制造系统典型解决方案实施实践指南/王振林，李金村主编.
—北京：机械工业出版社，2023.10
ISBN 978-7-111-73711-7

Ⅰ.①智…　Ⅱ.①王…②李…　Ⅲ.①智能制造系统-指南
Ⅳ.①TH166-62

中国国家版本馆 CIP 数据核字（2023）第 157905 号

机械工业出版社（北京市百万庄大街 22 号　邮政编码 100037）
策划编辑：周国萍　　　　责任编辑：周国萍　刘本明
责任校对：张　薇　贾立萍　封面设计：马精明
责任印制：单爱军
北京虎彩文化传播有限公司印刷
2024 年 1 月第 1 版第 1 次印刷
184mm×260mm · 14.75 印张 · 268 千字
标准书号：ISBN 978-7-111-73711-7
定价：99.00 元

电话服务　　　　　　　　网络服务
客服电话：010-88361066　机　工　官　网：www.cmpbook.com
　　　　　010-88379833　机　工　官　博：weibo.com/cmp1952
　　　　　010-68326294　金　书　网：www.golden-book.com
封底无防伪标均为盗版　机工教育服务网：www.cmpedu.com

序

当今世界，全球制造业数字化、网络化与智能化蓬勃发展。智能制造作为新一轮科技革命和产业变革的重要驱动力，正在不断突破新技术，催生新业态，涌现新思维，使经济社会发生了翻天覆地的新变化。

智能制造是新一代信息技术与制造深度融合的新型生产方式，目前国内外均处在探索阶段，没有现成路径和经验模式可循。我国制造业尚处在机械化、电气化、自动化和信息化并存阶段，不同地区、不同行业及不同企业发展水平参差不齐。我国虽然在智能制造的认识和谋划上与世界基本同步，但相较于工业发达国家，环境更加复杂，形势更加严峻，任务更加艰巨。

近年来，我国制造业已由高速增长阶段转向高质量发展阶段。在全国各部门、各地区和广大企事业单位的共同努力下，在国家制造强国战略的统一部署下，以习近平新时代中国特色社会主义思想为指引，围绕重点装备"卡脖子"、制造业大而不强问题，以创新促增长、促转型，全面强化基础装备、工业软件、应用标准建设，推进制造业数字化、网络化及智能化发展，促进制造业从依靠传统生产要素向更多地依靠数据、信息和知识等新型生产要素转变，并取得了积极成效，初步建立起全社会系统推进智能化的工作体系，为我国制造业转型升级注入了新动能，推动中国制造向高端迈进。

北京机械工业自动化研究所有限公司（简称北自所）在六十多年的发展历程中，认真贯彻落实党中央决策部署，第一时间把握智能制造发展新路径，坚持以人为本、以市场为导向、以技术为核心、以创新为驱动，在智能制造改造与探索的过程中勇当排头兵，形成了若干可复制、可推广的经验模式。

本书收录了北自所多年来在智能制造发展过程中的案例，可供致力于智能制造发展的各界人士参考，给智能制造改革发展中遇到困难的企业提供一些借鉴。

张相木

2023 年 10 月

前　言

　　北自所成立六十多年以来，在几代人的不懈努力、共同拼搏下，完成了千余项国家攻关项目及企业定制的装备工程，为国家重大工程和企业的技术进步做出了卓越的贡献。党的十八大以来，北自所认真贯彻落实党中央决策部署，紧紧抓住制造业发展的机遇期，坚持以人为本、以市场为导向、以技术为核心、以创新为驱动，充分发挥智能制造综合优势，致力于制造工艺、技术、装备和系统解决方案的集成化开发、应用和服务，使客户实现安全、高效、敏捷、和谐的制造。"十三五"以来，我国智能制造发展取得长足进步，北自所有幸深度参与其中，并成为智能制造系统解决方案供应商龙头之一。

　　本书是北自所多年来在自动化行业耕耘的智慧与汗水的结晶。我们从几百个实际工程项目中甄选、梳理出 26 个典型智能制造服务案例。案例包括机械、新能源汽车、电气、电子、纺织化纤等行业。每个案例都包含项目概述、项目需求分析、项目总体设计、项目关键技术、项目实施效果、项目总结等内容，力求还原每一个项目的全生命周期，详细讲解了智能制造相关项目从需求、设计、实施到交付、售后的完整流程。案例涉及自动化改造、数字化采集、智能化提升等多个方面，可帮助读者了解不同行业智能制造的内涵、不同企业的技术改造过程，以及应用实施效果，希望对各位读者有借鉴、参考价值。

编　者

目　录

第1章 智能物流装备

1.1 案例一：冷链物流仓储系统解决方案

1.1.1 项目概述

冷链物流（Cold Chain Logistics）是指以冷冻工艺为基础、制冷技术为手段，使冷链物品从生产、流通、销售到消费者的各个环节中始终处于规定的温度环境下，以保证冷链物品质量、减少冷链物品损耗的物流活动。图1-1所示为冷链物流的一个场景。

冷链物流包括初级农产品（如蔬菜、水果、肉、禽、蛋等）、水产品、花卉产品、加工食品（如速冻食品，禽、肉、水产等包装熟食，冰淇淋和奶制品等）、巧克力、快餐原料、药品、特殊商品，它比一般常温物流系统的要求更高、更复杂，建设投资也要大很多，是一个庞大的系统工程。由于易腐食品的时效性要求冷链各环节具有更高的组织协调性，所以，食品冷链的运作始终是和能耗成本相关联的，有效控制运作成本与食品冷链的发展密切相关。目前我国冷链物流需求市场占比如图1-2所示。

图1-1 冷链物流

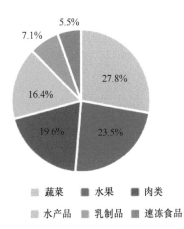

图1-2 我国冷链物流需求市场占比

数据来源：中商产业研究院

1.1.2　项目需求分析

随着人们生活水平的提高，对冷链物流的要求越来越高。冷链行业潜力巨大，食品、医药和一些特殊行业有较高的冷链需求。据发达国家经验，当人均GDP 超过 3000 美元后冷链产品市场会进入一个快速发展的阶段，冷链物流也会有较大的发展。2009 年中国人均 GDP 就超过了 3000 美元。冷链市场近几年发展迅速，资本市场对冷链物流十分青睐，各行各业纷纷投入冷链物流的发展大潮中来。

我国食品行业发展迅速，食品冷链物流迎来了巨大的发展空间。根据中国物流与采购联合会冷链物流专业委员会（简称"中物联冷链委"）统计，2020年全国食品冷库总量达到 7080 万 t，同比增长 16.98%，已超过美国食品冷库容量规模水平。2020 年我国冷链物流市场总规模为 3832 亿元，同比增长 13%，生鲜食品工厂生产过程冷链物流自动化、智能化需求旺盛（图 1-3）。

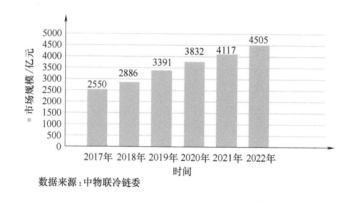

数据来源：中物联冷链委

图 1-3　2017—2022 年我国冷链物流市场规模

生鲜食品冷链行业传统作业过程人力密集、效率低下、能耗高、工作环境恶劣，成为制约该行业转型升级、快速发展的瓶颈。开发一种适用于生鲜食品工厂的智能冷链物流解决方案成为企业的迫切需求。

由于冷链环境温度低、湿度大、空间相对狭小，操作维护人员无法长时间或根本不能在其中工作，因此对物流处理系统在智能化、无人化、可靠性、安全性、环保、节能等方面有更高的要求，如图 1-4 所示。

冷链物流涉及建筑、结构、机械、电气、计算机、监控、通信、管理、低温、节能、环保等多学科技术，系统集光、机、电于一体，结构材料性能、低温检测和控制、系统效率、无人化技术、智能管理等是其中的关键。各种冷库类型比较分析见表 1-1。

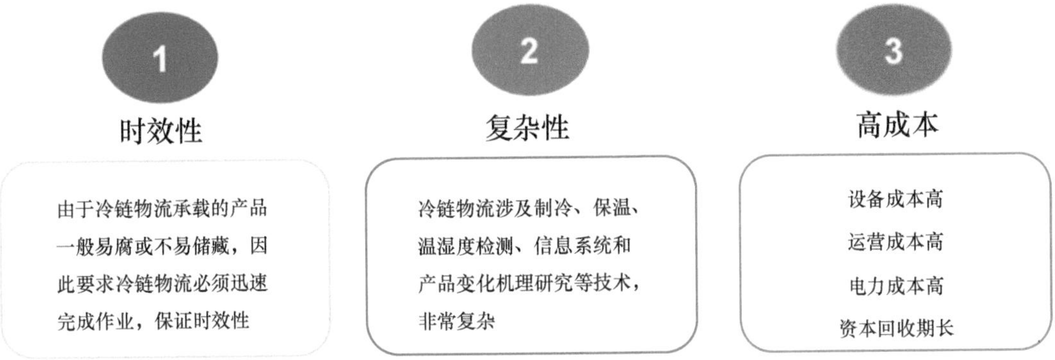

1 时效性

由于冷链物流承载的产品一般易腐或不易储藏，因此要求冷链物流必须迅速完成作业，保证时效性

2 复杂性

冷链物流涉及制冷、保温、温湿度检测、信息系统和产品变化机理研究等技术，非常复杂

3 高成本

设备成本高
运营成本高
电力成本高
资本回收期长

图 1-4 冷链物流特点

表 1-1 冷库类型比较分析

冷库类型	叉车货架冷库	楼库式冷库	自动化立体冷库
图例			
人员	人员需求多，单人作业效率低	人员需求多，单人作业效率低	仅理货区需要人员，自动化作业效率高
劳动强度	长期低温作业，劳动强度大	长期低温作业，劳动强度大	不需要低温作业，劳动强度低
空间利用	叉车挑高有限，空间利用率低	货物地面堆放，空间利用率低	高层货架密集存储，空间利用率高，为平库的3~5倍
能耗	工作人员进出频繁，冷气易流失，能耗较高	工作人员进出频繁，冷气易流失，能耗较高	集中制冷，有效控制跑冷，照明要求低，能耗低
温度调节	自动探测，人工调节	自动探测，人工调节	自动探测，自动调节

1.1.3 项目总体设计

1. 项目总体构架

从逻辑关系上讲，冷链物流系统为智能化的分层分布式系统，既有顶层的宏观总体决策，也有中层的智能管理和调度，还有底层的控制执行。从物理结构上说，它是一个智能网络化系统。

2. 项目总体实施步骤

项目总体实施步骤如图 1-5 所示。

1.1.4 项目关键技术

该项目依托某生鲜食品智能工厂项目，深入研究生鲜食品冷链生产工艺，

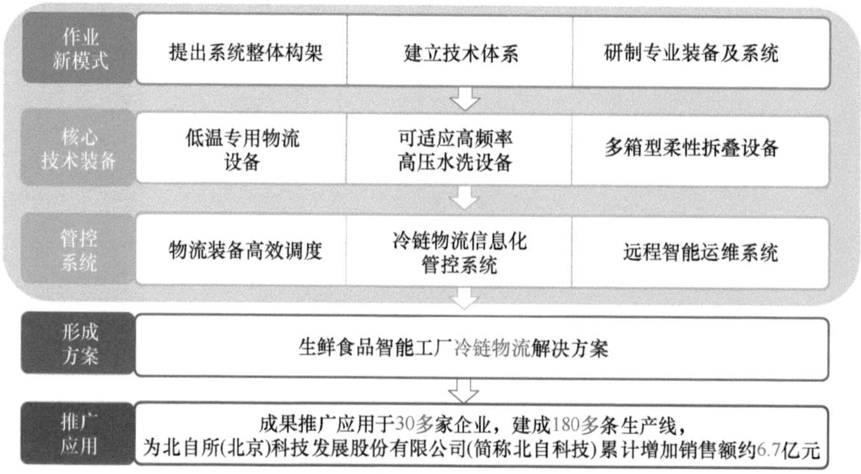

作业新模式
提出系统整体构架
建立技术体系
研制专业装备及系统
核心技术装备
低温专用物流设备
可适应高频率高压水洗设备
多箱型柔性拆叠设备
管控系统
物流装备高效调度
冷链物流信息化管控系统
远程智能运维系统
形成方案
生鲜食品智能工厂冷链物流解决方案
推广应用
成果推广应用于30多家企业，建成180多条生产线，
为北自所(北京)科技发展股份有限公司(简称北自科技)累计增加销售额约6.7亿元

图 1-5　项目总体实施步骤

针对低温环境搬运效率低、能源损耗大、设备耐低温要求高且清洗难等问题，以提升劳动生产率、降低工人劳动强度、提高生产管控水平为目标，研发了适用于生鲜食品智能工厂的冷链物流解决方案。该物流项目模型、项目流程分别如图 1-6、图 1-7 所示。

托盘库
货到人拣选
生产作业区
机器人码垛区
Miniload 料箱库
清洗缓存区
密集库
托盘出库区
输送分拣区
装卸货区

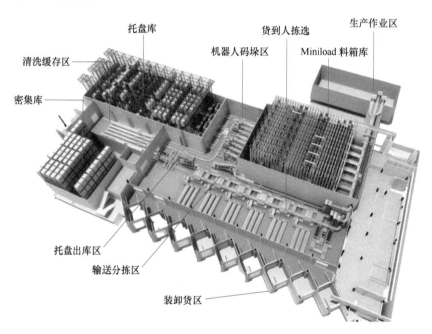

图 1-6　冷链物流项目模型

1. 方案创新 1：智能冷链物流解决方案

生鲜食品工厂生产作业流程长、影响因素多、对产品品质一致性要求高；传统工厂冷链物流作业均由人工完成，工人劳动强度大、效率低、产品损耗大、

痛点	问题	方案
差 作业环境差	**旧** 作业模式陈旧	**新** 新作业模式
低 作业效率低	**无** 缺乏自动化装备	**自** 自动化装备
大 管理混乱，损耗大	**差** 管理难度大	**智** 智能管控系统

图 1-7 项目流程

信息错误率高、质量及评定稳定性差、各车间缺乏产品与装备的实时信息采集及数据处理、生产缺乏统一协调管理。针对以上难题，提出了涵盖生产车间、成品存储和发货环节的冷链物流解决方案。通过构建贯穿生产的分拣、装箱、码垛、入库、存储、出库、发货装车冷链物流工艺模型，开发了生产冷链物流数据库系统，研制的数字化装备及软件系统实现了冷链作业物流、信息流从生产到用户全覆盖和协同，彻底改变了传统人工作业和区块化管理方式，实现了企业降本增效、绿色节能。

2. 方案创新 2：绿色节能方案

研发过渡间前后冷库门物流接口专用装备，可保证冷库门快速关闭及密封良好，实现了过渡间内外冷库门联锁。该专用装备如图 1-8 所示。

图 1-8 专用装备

3. 方案创新 3：料箱柔性分拣方案

针对客户箱类型多样且需同时上线的兼容需求，研发了箱型识别及分拣系统，如图 1-9 所示。研究了基于颜色视觉和外形分析的箱型识别技术，解决了多个箱型合流后无法准确分流的问题，达到了多种箱型同时上线的工艺要求。减少了对客户料箱规格的限制，节约空间占用率 80%，缩短客户箱上线和装车时间 30%。

图 1-9　箱型识别及分拣系统

4. 设备创新 1：多型低温专用物流设备

为适应 −25℃ 的环境，解决装备关键部位耐低温的难题，研发了可在 −25℃ 可靠运行的堆垛机、穿梭车等物流设备，如图 1-10、图 1-11 所示。这些物流设备可在低温环境下稳定可靠地执行任务，无须操作人员进入，极大改善了冷链物流人员的工作条件，降低了劳动强度。

图 1-10　专用仓储设备

图 1-11　专用物流设备

5. 设备创新2：可冲洗不锈钢物流设备

为适应洁净生产环境定期清洗的需求，针对物流过程中血水、异物等对设备污染且不易清洗的难题，研发了可适应高频率定期高压水冲洗清洁的全不锈钢 Miniload 等多款专用设备，如图 1-12 所示。全部机械结构和柜体材料选用 304 不锈钢制作，且采用免润滑传动机构，从根源上杜绝了水洗生锈老化的问题。

图 1-12　可冲洗不锈钢物流设备

6. 设备创新3：多箱型柔性拆叠设备

研制的多箱型柔性拆叠设备如图 1-13 所示，结合周边拣选、输送系统，既实现了多规格客户箱的拆、叠箱上下线工作，又大幅减小了料箱缓存占用的空间。设备定位精准，拆叠盘可靠高效，系统还具备料箱尺寸校验、自动计数、放行限流功能，满足了客户同时处理多客户多尺寸箱型的工艺要求，解决了大量客户料箱存放占地大的难题。

图 1-13　多箱型柔性拆叠设备

7. 系统创新1：智能调度环形穿梭车系统

改进的环形穿梭车多车同轨道运行调度系统，可在多车协同作业前计算出最优作业路径，然后根据路径规划结果再各自运行到作业起始地址。当多车作业区域交叉时，该系统会根据最优时间调度原则调整穿梭车各自作业步骤，优化避让过程。全新的设备控制系统保证了整个系统的长期高效稳定运行，如图 1-14 所示。

8. 系统创新2：信息化管控系统

信息化管控系统配合冷链物流要求，打通各环节物流业务，无缝集成各种软硬件，能够全面覆盖生鲜食品智能工厂冷链物流的需求，如图 1-15 所示。

9．系统创新 3：远程智能运维系统

远程智能运维系统可实现实时监控及反馈、专家系统就地维护指导、预测性维护、远程运维四级维护，如图 1-16 所示。

图 1-14　智能调度环形穿梭车系统

图 1-15　信息化管控系统

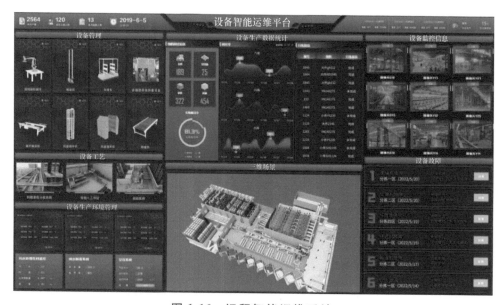

图 1-16　远程智能运维系统

1.1.5　项目实施效果

本项目所用的集成技术、设备和软件，均具有良好的性能价格比，是在多个工程实例中使用过的成熟技术，既有很高的先进性，又有很强的实用性。在满足客户作业需求的前提下，北自所控股的北自科技作为系统集成商，以实现物流系统综合效率最高为目标，优先选择同类型产品中最合适的产品，避免为片面追求单机设备的高速度造成不必要的投资浪费。

本项目的实施，帮助客户建成了先进的物流系统，建立了物流信息系统与企业 ERP 系统间的实时连接，提高了企业的生产管理水平；空间利用率达到传统仓库的 3 倍以上；货物由"静态储存"变为"动态储存"；采用自动装箱和码垛系统、先进的货到人系统，节省了十余名工人，降低了用工成本。

1.1.6　项目总结

据统计，我国冷库每年的需求量正以 30% 的速度增长，然而与发达国家仍存在一定差距。从冷库容量来看，美国人口仅为我国人口的 1/6，而冷库容量是我国的 3.5 倍；日本人口仅为我国人口的 1/10，冷库容量却是我国的 2 倍。从自动化水平来看，欧美发达国家的大型冷库，已基本实现了全自动化的温度控制、冲霜、液位控制、自动保护、自动报警、自动记录等，而我国全自动化冷库数量较少。因此，我国现有冷库容量尚显不足，自动化水平和效率相对较低，自动化立体冷库具有较大的发展空间。

1.2　案例二：家居物流管控系统解决方案

1.2.1　项目概述

近年来，我国定制家居消费升级态势持续加速，渠道多元化、订单碎片化、家装一体化等趋势越发明显，柔性化大规模非标定制生产能力、柔性化供应链与物流服务能力已经成为定制家居行业企业迎合消费端变革，赢得新一轮市场竞争的关键能力。作为这些能力的关键载体，智能制造生产基地建设已经成为行业头部企业发展战略中的核心部署，其中围绕智造基地部署的物流体系规划与建设更是整个基地能否高效运作的关键。

家居物流主要指以居住为核心，为家具、家电和家装建材等行业提供的物流与供应链服务。

家居物流属于普通产品中的大件物流，行业集中度低，既存在大量零散个体户，也有众多第三方企业，更有很多大型家具、家电生产企业，行业规模巨大，物流服务企业规模很小，专业化服务需求高速发展，物流资源整合市场前景无限，正处于发展风口。尤其是随着家居电商快速发展，家居电商物流中大件配送的包裹量增长很快，已经成为快递企业关注的大蛋糕。

家居物流解决方案需要提供干线运输、仓储管理、配送服务、安装或施工服务、售后维修服务等全链条的综合服务。随着家居电商高速发展，家居物流正呈现全渠道、一体化、定制化、标准化、智能化等发展趋势。

1.2.2 项目需求分析

目前，家居物流行业还存在一些亟待解决的问题，如物流成本过高、物流技术水平低、缺乏供应链的系统思维、物流运作模式落后、物流标准化水平低。

根据相关资料和业内专业人员估计，家具建材物流成本占总销售额比重为30%~40%，市场规模为1.30万亿元；家电物流成本占比约18%，市场规模为0.31万亿元。综合测算，家居物流市场总规模超过1.61万亿元，市场巨大。

家居物流仓储涉及建筑、结构、机械、电气、计算机、监控、通信、管理、大件运输储存、特殊件处理、节能、环保等多学科技术，系统集光、机、电于一体，智能控制、系统效率、无人化技术、智能管理等是其中的关键。

1.2.3 项目总体设计

1. 项目总体构架

从逻辑关系上讲，家居物流系统为智能化的分层分布式系统，既有顶层的宏观总体决策，也有中层的智能管理和调度，还有底层的控制执行。从物理结构上说，它是一个智能网络化系统。

（1）全自动运输上料 压贴车间压贴出成品板材后会通过 RGV（Rail Guided Vehicle，有轨制导车辆）进入成品板材仓库，成品板材仓库与各个生产车间通过托盘输送系统相连接，成品板材仓库经过智能分拣后用托盘运输至各生产车间后端上料区，最后再通过 AGV 运输板材，完成智能上料，节省人工成本，并降低板材上错概率。每个生产车间用托盘输送系统连接，完成一站式上料。

（2）车间内部贯穿全程的智能输送系统 各工序之间使用输送线体进行衔接，减少了接板与投板人员，实现了板件的全程不落地生产，减少了因人工作业带来的货损，提升了板件输送的准确性。

（3）车间内部智能分拣+智能包装系统 采用自动适配集成分拣系统，1min可分拣19块板件，准确率达100%。当板件生产完成进入分拣区，扫码器智能识别板件信息、锁定存放库位。当订单齐套后，机器人按包装顺序执行出库操作，将板件送至包装工段，裁纸机根据不同的包裹尺寸信息合理裁切出相应的纸皮，减少了包装材料的浪费。经过折纸皮、塞护角泡沫填充后由自动封箱机进行喷胶封箱，保证包裹整洁美观。

（4）智能式合托码垛 利用WMS独有的多库房协调优势，在各厂房进行合托处理，将同一订单柜体、移门、背板等部件拆分成三托，A厂房为小件，B厂房为各类门板配件，C厂房为大件，均由托盘输送系统运输至C厂房进行合托，最终入成品仓，仓库入口处有扫描功能，同一订单全部齐套后入库，如未齐套则继续在托盘输送机上滚动，保证订单齐套入库、齐套出库。

（5）自动化立体成品库 采用自动化立体成品库来完成成品的储存，充分利用空间，实现订单自动出库。

（6）自动传送系统助力装卸车 为提升客户满意度，出货速度、装车效率要求更高，这就对自动输送系统和包装系统提出了更高要求。

2. 项目总体实施步骤

项目总体实施步骤为：合同签订→总体设计→分部设计→材料采购→加工制造→试验检验→厂内调试→货架安装→堆垛机安装调试→输送设备安装调试→系统联调→试运行→技术培训→验收交付→质保服务等。

1.2.4 项目关键技术

1）关键技术1：智能管理、自学习、自适应、智能集成。

2）关键技术2：异构系统集成，使不同控制、监测系统、专用处理系统集成于统一的体系中，发挥更大作用。

3）关键技术3：针对家居行业平库改造项目特别研发的窄巷道伸缩叉式AGV，适用于大型托盘货物单元，便于家居企业对已有楼库进行改造，同时实现信息化、自动化管理控制。

家居企业已有的楼库改造，如采用传统堆垛机存储方案，一般会面临如下不利条件：①需架设天地轨设备；②设备自重较大，地面承载不够；③库房高度不大，投资性价比低。

基于上述堆垛机设备自身的不足，结合堆垛机系统的自动化运行原理，系统可采用AGV解决。

AGV是一种安装有自动导引装置，能够根据设定的路线进行循迹运行，并且具有安全保护和移载功能的无人驾驶自动化搬运车辆，在现代工业中广泛应用于各个物流领域。

AGV按导引方式的不同，可分为图1-17所示种类。

AGV按取货方式的不同，可分为图1-18所示种类。

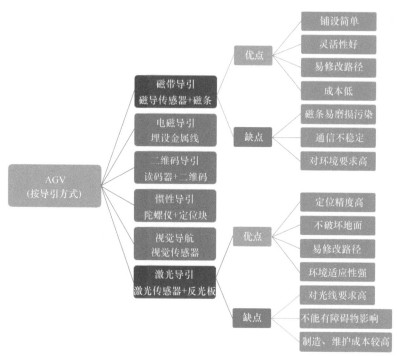

图 1-17　AGV 按导引方式分类

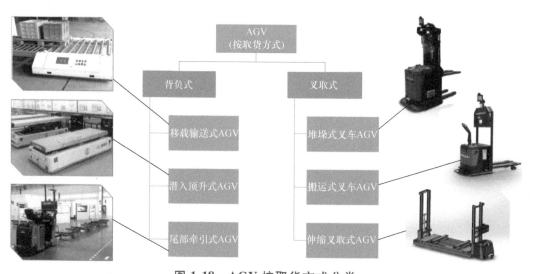

图 1-18　AGV 按取货方式分类

结合上述的激光导引方式和伸缩叉取式取货方式，自主研发了适用于家居大件货物的窄巷道伸缩叉式 AGV，如图 1-19 所示。

1.2.5　项目实施效果

1. 项目特点

依托于国内某著名定制化家居企业，投入使用了上述窄巷道伸缩叉式 AGV。

激光传感器

液压升降机构

伸缩货叉

载货台

车体门架

四轮驱动

区域探测

图 1-19　自主研发的适用于家居行业的 AGV

该项目现场环境条件较为苛刻，有如下特点：①该建筑土建为多层楼库结构；②楼库单层净空仅为 4.3m；③地面平均载荷为 1t；④客户要实现自动化出入库存取作业；⑤客户要求货位数最大化设计。

2. 系统参数

综合上述客观条件，北自所在有限的土建空间里，规划设计了窄巷道 AGV 存储系统。具体规划参数如下：①最大取货高度 2.8m；②共规划 24 个巷道，货架设计 4 层；③AGV 通道宽度为 1.6m；④24 个巷道规划 18 台 AGV，AGV 可自由调换巷道运行。

3. 案例成果

1）该方案解决了场地条件对物流系统的限制问题，实现了大型家居货物在楼库中的自动化存取。

2）缩减了存取设备的通道宽度，最大化提升了仓库存储容量。

3）货位数远大于使用叉取式 AGV 的仓储方案，不小于使用堆垛机的仓储方案。

4）整体造价低于使用堆垛机系统。

5）可广泛应用于净空较低的楼库自动化改造中，是对堆垛机使用受限的物流系统的有力解决方案。

电子商务带动了"居家大件"物流高速发展，居家大件物流运输质量显著提高，大数据技术有效提升了网点运营效率。在市场需求方面，得益于物流体系的完善及进一步下沉，新疆、西藏、甘肃等偏远地区的消费需求被广泛挖掘，三四线城市成为家居行业消费爆点，异地下单和收货成为一个亮点，送装一体需求凸显，其中健身器材、电动车、空调的送装一体需求最高。

4. 成果分析

通过自学习、自适应、智能集成，实现多系统多设备的协同作业，满足家居行业柔性制造的要求。

1.2.6　项目总结

全流程智能物流系统的部署降低了人工搬运的劳动强度，提升了效率，减少了因人工转运带来的板材磕碰，提升了板材品质。尤其是智能输送系统、智能分拣+智能包装系统、自动化立体成品库和自动传送装车系统的应用，让智造车间生产过程实现了无人化运作。

大件、易损、非标是家居物品的标签，个性化服务是家居物流服务的特性。但为提高家居物流服务水平，标准化是大势所趋。随着消费者更愿意为定制化和个性化产品付费，家居行业正从传统产品消费转向设计消费。家居行业的流通体制也出现了在互联网基础设施上重构的变革趋势及新零售的变革趋势。信息化打通供应链，推动着家居建材、家庭装修、全屋定制等复杂的物流服务走向专业化和社会化。在智能制造与智能物流发展形势下，家居产业的生产、设计、营销和物流等各环节也在发生变化。一些财力雄厚的家居企业在智能化、工业化、信息化等方面纷纷加大投入，依托大数据、云计算等技术全面推进企业创新升级。家居物流供应链链条长，供应链体系复杂，终端客户要求高，产品具有个性化特点，是较为复杂的柔性供应链。因此，推动家居行业供应链全面发展的动力不断增强。

1.3　案例三：化纤模块化、定制化物流解决方案

1.3.1　项目概述

化纤是我国具有国际竞争优势的产业，也是我国纺织工业的重要支柱产业。经过"十三五"时期的发展，我国已成为世界第一化纤生产大国，2020 年我国化纤产量为 $6.025×10^7$ t，占全球比重超过 70%（数据来源于《中国纺织科技发展报告（2021 年）》）。化纤生产过程兼具流程型和离散型的特点，流程长、影响因素多、产品品质一致性要求高；传统作业模式主要依靠人工，"缺"（用工荒）、"低"（效率低）、"耗"（损耗大）、"散"（管理分散）成为制约该行业高质量发展的瓶颈。

随着我国合成纤维长丝生产行业发展定制化生产，满足市场差异化、个性化需求，逐步转变生产方式，从劳动密集型向技术密集型转变，从高能耗、高

污染向节能降耗、环保转变，大量采用自动化、智能化的物流成套设备与系统，采用先进实用技术改造传统合成纤维长丝工艺装备，采用数字化全流程制造技术、数字化生产管理技术，实现大容量多批号产品的信息化及产品可追溯性，实现精细化质量管理，提高国内合成纤维长丝智能制造水平，已成为本行业发展趋势。《纺织行业"十四五"科技发展指导意见》中指出化纤长丝全流程智能制造集成技术是"十四五"重点突破的关键共性技术（"智能制造与先进装备"大类中智能制造示范生产线集成技术）之一。

目前合成纤维长丝生产企业追求高产量，纺丝、加弹设备向多头高产、大丝饼方向发展，岗位用人需求量不断增加，关键岗位劳动强度大、工作时间长、工作环境差，企业"用工荒"常态化和扩大化的趋势已愈发明显。从长远来看，我国劳动力成本的上升是必然趋势，这给企业造成了巨大的成本压力。

国外厂商提供的方案虽然实现了部分工序自动化，但由于设计产能较低，无法满足国内 20 万 t 以上车间产能的化纤长丝丝饼作业需求，同时设备价格昂贵，运营维护成本高，且系统灵活度低，尚无全流程整体解决方案。近十年，国内化纤生产规模不断扩大，市场对产品品质要求不断提高，而人工成本持续攀升，不断挤压企业利润空间，造成产业向东南亚和印度迁移。研制具有完全自主知识产权的国产化纤长丝丝饼作业全流程智能化成套技术与装备，填补国内空白，是我国化纤企业转型升级、持续保持国际竞争力的必然选择。

北自科技在化纤长丝丝饼作业智能物流系统领域探索十余年，以物流技术为抓手，针对丝饼作业过度依赖人工操作、人员经验，全流程多工段、多车间协同生产的特点，经过技术攻关和工程实践，突破了长丝生产关键环节工艺数字化技术，建立了相关技术体系，研制了包括全自动落丝、丝车自动转运、平衡间丝饼平衡自动存储、全自动高速包装、成品自动化立体仓库存储等多个子系统在内的长丝丝饼作业智能化生产成套技术装备与系统，实现了化纤丝饼作业过程中从卷绕机自动落丝、自动转运暂存、线上检验、存储输送、分类包装、码垛到成品存储、出库发货的全流程数字化高效精确作业，实现了物流、信息流的双向贯通，为每一锭丝饼建立了档案，打破了不同工序间的数据壁垒，实现了丝饼作业、物流和信息流的互联互通和快速准确的协同。

同时，为了进一步解决系统定制化设计及用户选型的难题，北自科技提出了丝饼作业物流模块化设计方法，如图 1-20 所示，将工艺方案、设备组成、控制程序进行标准化，形成多个子系统可组合模块提供给用户。用户根据自己的特殊要求按不同的工艺段、不同的需求选择相应模块，可快速形成完整的解决方案或局部的解决方案。通过不断丰富完善自身知识体系，持续推进模块化、标准化工作，不断迭代优化，北自科技逐步形成了"80%标准化与模块化+20%

图 1-20　丝饼作业物流模块化设计

定制化"的系统解决方案，推动了整个行业向定制化、差异化、个性化的生产方式转变。

1.3.2　项目需求分析

聚合、纺丝和丝饼作业是化纤生产的主要工序。聚合、纺丝实现了复杂条件下的自动化、数字化和信息化生产。化纤长丝丝饼作业是化纤生产的最后一个环节，包括卷绕成形后的落卷、转运、外检、包装、仓储等工艺环节。当丝饼卷绕完成后，过去主要以人工完成落丝作业（即将丝饼从卷绕头上取下）、将丝饼装入转运车后，由人工将车推出卷绕车间，送入平衡车间。在平衡车间，工人需要对丝饼以丝车为单位按不同批号进行剥丝、外检、染色等检测工作，工作完成后，必须按照不同的品种、批号、等级将丝车推送到平衡区统一进行堆放。不同工位之间、工位到平衡区的丝车输送均由人工完成。包装区的工人根据平衡车间不同品种、批号、等级的丝饼存储数量情况安排包装作业。形成包装计划后，由人工将对应品种、批号和等级一致的丝车送到包装区，对每个丝饼进行人工套袋、码垛作业。同一品种、批号、等级的丝饼包装完成后，将无法凑成整托的余下丝饼暂存在丝车上，由人工推到平衡车间，等待下一批同品种、批号、等级的丝作业产生时再使用；或者直接将这批丝饼全部进行包装，剩余的未满托盘由叉车送至存放区，等待下一批同品种、批号、等级的丝饼包装作业完成。包装完成的整托盘由叉车送入成品库进行存放，一般采用堆高 3 层的办法进行存储。当需要发货时，需要叉车工根据提货单，开叉车到库内寻找相对应的规格、批号、等级的托盘出库，完成装车作业。

在整个生产过程中，全部采用人工作业完成丝饼的落丝、转运、检测、包装、仓储、发货作业。人手接触丝筒端面丝线的机会很多，稍有不慎，就会碰断纤维或弄脏丝饼，造成合成纤维长丝产品质量人为二次降等。同时，人工操作方式使产品信息采集和数据汇总异常困难，数据滞后、人为偏差、误报等现象时有发生，经常因为品种、批号的错误导致客户投诉、索赔。

以 20 万 t 产能 DTY（Draw Textured Yarn，拉伸变形丝）车间为例：成形后生产需要 400 个工人，企业每年需要支出工资 2400 万元，每天需要处理丝饼 12 万锭，在仓储环节因无法做到先进先出，压坏反包等每年造成的损失达 200 万元，因批号错误客户索赔每年损失 300 万元，因人手接触丝饼导致丝饼的污染和损伤产生的降等，企业每年损失 1000 万元。

丝饼作业涉及的产品物流和信息流流程长、影响因素多、对产品信息准确性要求高。传统丝饼作业均由人工完成，工人劳动强度大、效率低，产品损耗大，信息错误率高，质量及评定稳定性差，各车间缺乏产品与装备的实时信息采集及数据处理，生产缺乏统一协调管理，成为制约行业高质量发展的瓶颈，亟须开展化纤长丝丝饼作业智能化生产关键技术与装备研究，设计一种高效、可行的化纤长丝丝饼作业全流程智能化解决方案，打破化纤生产智能制造的最后一个壁垒。

1.3.3 项目总体设计

化纤长丝生产主要分为以下几个流程：落丝、转运、平衡、外检、包装、仓储、发货。传统工艺流程中，全部过程采用人工作业完成。本方案通过工艺技术方案、关键设备、核心软件的研制、开发，提出适合化纤长丝丝饼作业的全流程智能化解决方案，形成长丝丝饼制造全流程智能化成套技术与装备，打破了国外企业在我国化纤长丝生产行业中高端制造装备领域的垄断地位。系统结构图如图 1-21 所示。

总体系统结构由专用技能机器人、专用智能化设备、自动物流设备及相关设备控制、调度、监控、信息管理软硬件和信息接口组成。

整个解决方案的核心内容包含两个工艺流程：丝饼的生产流程、伴随生产的丝饼和装备的信息流程。

1. 丝饼的生产流程

本方案可实现数十个品种、等级和批号的丝饼同时生产，与之相对应的装载数十个不同品种、等级和批号丝饼的丝车可交替上线。生产调度全部由信息系统完成。

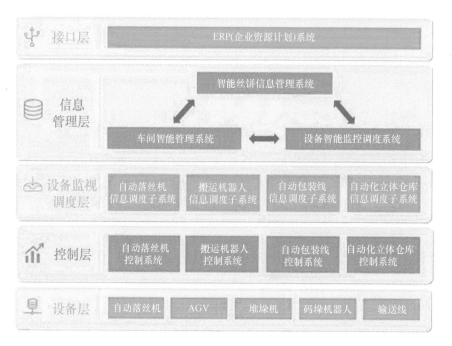

图 1-21　化纤长丝丝饼作业的全流程智能化解决方案系统结构图

MES 接收到 ERP 系统生产信息后，通过 APS 排产系统，对自动落丝机、自动包装线进行自动排产，以班组为单位，下达作业任务。接收到任务后，自动落丝系统根据指令完成落丝作业，并根据 APS 的安排，将丝饼通过转运系统送至相对应的包装系统区域，完成外检、剥丝、染判等作业后分品种、分批号进行存储。包装系统根据 APS 安排，从自动化立体仓库存储区取出符合包装要求的丝饼，进行 FDY（Fully Drawn Yarn，全拉伸丝）、POY（Pre-Oriented Yarn，预取向丝）的包装工作，剩余空丝车返回卷绕区，供落丝使用。

满足生产要求的 POY 丝饼，由输送系统送至加弹车间进行加弹作业。加弹工序完成后生成的 DTY 丝饼装在丝车上，由输送系统送至加弹包装车间。进入加弹车间后，完成剥丝、外检、染判等作业后进行分品种、分批号存储。包装系统根据 APS 安排，从自动化立体仓库存储区取出符合包装要求的丝饼，进行 DTY 的包装工作，剩余的空丝车返回加弹车间，供加弹机使用。包装系统末端设置未满板自动化立体仓库，用于存放码垛未完成的托盘，下一次同品种的丝饼包装完成后，系统自动调出相应未码满的托盘继续完成码垛作业。

FDY、POY、DTY 包装系统包装完成后，托盘经过自动输送系统进入自动化立体成品仓库进行存储。仓库管理系统自动将库存信息上报至公司 ERP 系统。ERP 系统读取库存信息后，根据订单情况安排发货信息，将发货指令下达给成品自动化仓库的 WMS，由 WMS 完成发货作业。物流系统工艺流程如图 1-22 所示。

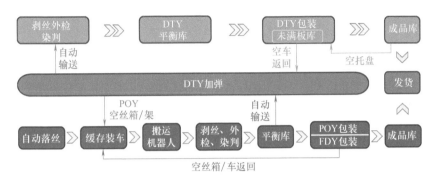

图 1-22 物流系统工艺流程

2. 伴随生产的丝饼和装备的信息流程

本方案对整个流程的信息产生、传递和校验都是围绕生产对象丝饼展开的。信息流如图 1-23 所示。

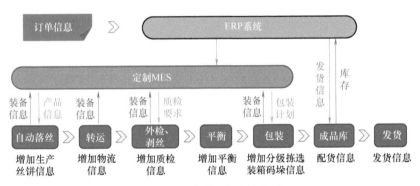

图 1-23 物流系统信息流

ERP 系统接收到订单信息，通过定制 MES 将生产指令信息下发给自动落丝系统、外检剥丝系统和包装系统，整个生产从定制 MES 下达指令开始。自动落丝系统完成落丝作业后，对每锭丝饼建立信息档案，产生生产信息和产品信息，转运系统根据丝饼的产品信息，将其送到相对应的外检剥丝工位进行外检作业，作业完成后，在丝饼生产信息中增加质检、平衡和等级信息。丝饼完成包装后，信息系统在丝饼生产信息中增加分级拣选和装箱码垛信息。系统将装箱码垛信息同成品自动化仓库的托盘信息进行绑定，并将库存信息上报给 ERP 系统。ERP 系统根据库存和订单情况，生成发货信息，指导发货作业。丝饼和装备的信息流涵盖整个生产过程，做到所有信息可追溯，达到接近 100% 的准确率（每十万锭无错误）。

1.3.4 项目关键技术

在"化纤长丝制造全流程智能物流成套技术与装备"的研制过程中，未见国内外有关全流程类似的项目，仅有局部自动化解决方案，没有任何完整的经验可以借鉴。因此，北自科技采用"需求分析→方案设计→关键技术研究→关键设备开发→系统集成→应用验证及完善"的技术路线来实施整个项目。详细技术路线如图1-24所示。

1. 研制出适用于化纤长丝丝饼作业的全流程数字化成套工艺

为实现丝饼作业全流程数字化生产，研制出了适用于化纤长丝丝饼作业的全流程数字化工艺。采用丝饼作业工艺信息数字化输入、作业过程数字化决策和工艺信息集成管理技术，实现了全流程数字化高效精确作业。

2. 构建了基于丝饼作业工艺的全流程多任务多参数均衡生产模型

针对丝饼作业数字化工艺需求，提出了丝饼作业物流模块化设计方法，构建了丝饼作业全流程多任务多参数的均衡生产模型，研究出单线可日处理2万~10万锭丝饼作业全流程最优化方案，如图1-25、图1-26所示。

3. 开发出化纤长丝智能化生产工艺数据库

研究了多维度智能标签技术，对丝饼作业多源异构数据进行语义关联表示和重构解析；开发出智能化生产工艺数据库，包括产品信息数据库、丝饼作业物流数据库、丝饼作业过程数据库、丝饼外观瑕疵模板标准特征数据库、质量检测专家库、设备运维专家库等6个数据库模块；为每一锭丝饼建立了覆盖作业全流程的数字化档案，打破了不同工序间的数据壁垒。

4. 创新研制化纤长丝丝饼外观品质在线智能检测系统

针对化纤长丝丝饼三维曲面空间上外观瑕疵特征尺度范围大、种类复杂、位置随机的特点，探明了化纤长丝丝饼表面瑕疵特征的多样性、多尺度与多维度特征规律，提出了多焦面图像捕获融合和多策略检测方法，建立了检测参数可自适应调节的在线检测方法，攻克了面向丝饼三维空间立体外观的机器视觉检测技术难题；探明了丝饼表面瑕疵的随机性与不确定性分布特征，建立了具有自学习功能的瑕疵特征库，攻克了丝饼与纸管全表面图像自分区与瑕疵特征自适应匹配技术；研发了模块化及嵌入式丝饼智能检测系统，完成了与长丝生产线的互联互通与协调控制，实现了检测数据的监控与可追溯功能，突破了长丝丝饼全流程自动化与智能化生产的瓶颈；解决了化纤长丝连续化生产中丝饼高效全检与品质保障问题。检测时间小于等于4.4s/锭，疵点丝饼在线正确检出率达到99.2%，如图1-27所示。

5. 发明了化纤长丝高效落丝机器人及系统

发明了地面和空中两个系列落丝机器人系统，重复定位精度可达±1mm；实现了受限空间内单线多机器人协同，可满足最多六个批号智能化作业，完全替代人工作业，单线落丝能力达到110t/天，如图1-28所示。

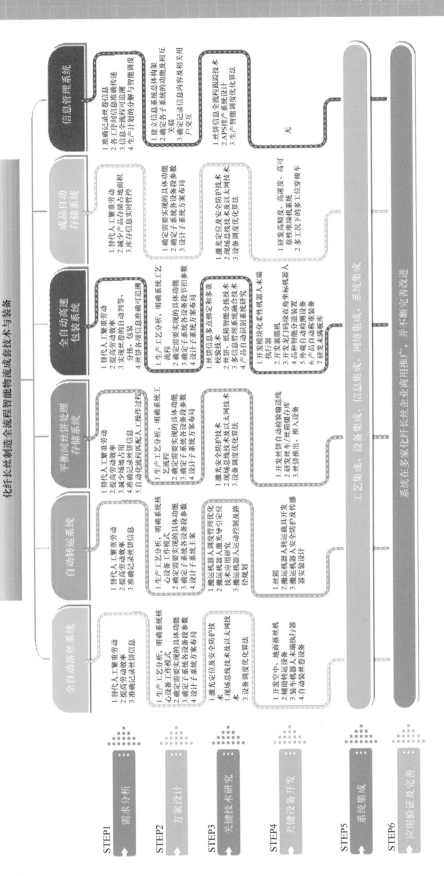

图 1-24 技术路线方案内容

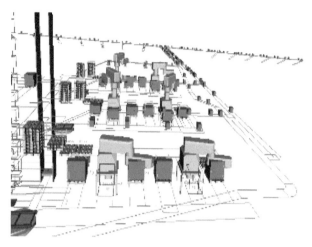

图 1-25 系统建模

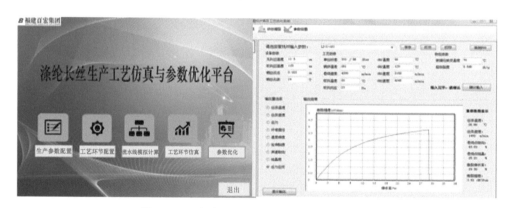

图 1-26 生产工艺仿真与参数优化平台

图 1-27 化纤长丝丝饼外观品质在线智能检测系统

6. 研制了化纤长丝丝饼智能包装系统

发明了包装换批时未满垛丝饼的自动处理方法，开发出丝饼信息多点绑定和多重校验技术，研制出丝饼智能化数字化输送与识别装置、裹膜机、直角坐标码垛机器人、柔性化技能机器人末端执行器等系列核心装备；基于多目标分

图 1-28 地面/空中落丝机器人系统

析优化与决策理论，开发出包装智能排产系统，实现了包装系统与缓存区的最优动态调度及全流程智能化分级包装作业。包装能力达到 28000 锭/天，节省人工约 50%，如图 1-29 所示。

图 1-29 化纤长丝丝饼智能包装系统

7. 研制了多源异构数据信息采集分析处理技术及系统

建立了数据融合处理模型，研制了数据同步机制及技术，开发出化纤长丝丝饼作业生产全流程信息采集分析处理系统；研究了任务调度框架，解决了化纤长丝全流程智能化生产多参数在线检测、补偿反馈、协同控制等技术难题；通过多源异构数据信息采集分析数据共享技术，有效打破了各系统间的隔离、信息孤岛等问题，实现了生产全过程数据共享。

8. 研制了适应化纤丝饼柔性作业的非时序生产调度系统

针对化纤丝饼作业长流程离散制造模式，研究了基于计划调度、库存状态等约束的丝饼作业防呆机制，基于设备效率、资源使用的改产换批自适应优化策略；突破了物流实时智能调度与产品质量双向智能管控技术；通过建立生产线多目标描述和生产模型，开发出适应长丝丝饼作业多品种、多批号、小批量、全流程的生产特点，解决多设备多工序人机物高效协同的非时序调度算法及软件；完成了生产线各系统间互联互通、协同控制、智能决策的分布式协同调度，实现了丝饼作业全流程一体化集成运行管控，满足生产线高效低成本运行及数字化柔性生产需求。

1.3.5 项目实施效果

本方案性能稳定，满足企业 7×24h 的连续作业要求，使用效果良好，大幅减轻了工人劳动强度，改善了劳动环境，降低了生产成本，提高了产品品质和企业管理水平，解决了企业用工荒难题，起到了提升企业形象、增强核心竞争力的作用，有效解决了企业发展困境，推动了企业智能化水平升级，开创了化纤长丝生产物流智能化新模式，树立了化纤智能制造的标杆，彻底改变了原有人工作业+区块管理的模式，实现了丝饼全流程高效作业，实现了自动化、信息化和智能化。

1. 提出了化纤长丝丝饼作业全流程智能化生产新模式

针对化纤长丝丝饼作业流程长、影响因素多、对产品信息准确性要求高，工人劳动强度大、效率低，产品损耗大，质量及评定稳定性差，各车间缺乏产品与装备的实时信息采集及数据处理，生产缺乏统一协调管理的难题，通过构建基于丝饼作业工艺的全流程多任务均衡生产模型，开发出化纤长丝智能化生产工艺数据库，研制出成套的适用于化纤长丝丝饼作业的全流程数字化工艺，提出了化纤长丝丝饼作业全流程智能化生产新模式，实现了丝饼作业各工艺环节物流、信息流从生产到客户全覆盖和协同，彻底改变了传统人工作业和车间区块化管理方式，实现人均生产效率提高近 30%，运营成本降低 22%~24%，生产过程降等损耗减少 5%，人均产值提高 99.9%。鉴定结果为"国际先进"。

2. 研发了化纤长丝丝饼作业智能化成套装备与系统

构建了贯穿化纤长丝丝饼作业的全流程智能化系统，研制了落丝机器人系统、智能包装系统等 14 种高端数字化智能装备与系统，突破了丝饼信息多点校验多点绑定、机器人末端执行器柔性化等 10 项关键技术，打破了国外技术装备垄断；创新研发化纤长丝丝饼外观在线智能检测装备，建立具有自学习功能的瑕疵特征库，将丝饼外观由传统人工检测经验判定转变为机器视觉检测智能判定，实现了在线、评定标准一致、无漏检作业，技术装备填补了国内外空白，鉴定结果为"国际领先"；研发的直角坐标落丝机器人，以高效率为目标进行路径最优规划，实现了丝饼在空间高效快速的动态交接，鉴定结果为"国际先进"；研制了智能包装系统，发明了包装换批时未满垛丝饼的自动处理方法，开发了系列核心智能装备，实现丝饼智能化分级包装作业，鉴定结果为"国际先进"。

3. 开发了实时数据驱动的丝饼作业全流程智能管控系统

针对化纤长丝生产多品种、多规格、工艺繁杂、流程长、全流程检测控制及可靠运行要求高等难题，建立了基于产品交期的多工序、多装备、多参数实时数据驱动的动态均衡生产控制模型，如图 1-30 所示；开发出多源异构信息采集分析处理系统、生产管控与安全可靠运行系统，解决了丝饼作业全流程多装备多参数协同控制、联动设备安全互锁等技术难题；实现了落丝、转运、检测、包装、仓储等全流程均衡协同作业和智能调度，以及生产对象、装备和信息智能管控的高效生产运行，填补了行业空白。

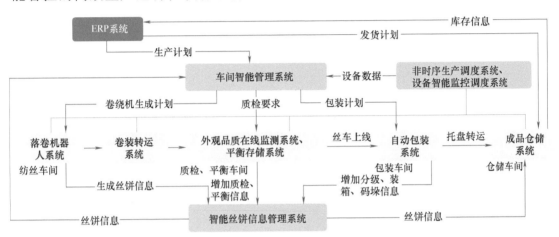

图 1-30　全流程的实时智能管控系统

该方案提出并实现了化纤长丝丝饼全流程高效作业智能化生产新模式，有效解决了企业发展困境，明显推动了企业智能化水平升级。

该方案满足我国化纤生产企业对价格适中、符合国情的高端丝饼作业装备的迫切需求，打破了国外（意大利和德国等）装备企业在我国化纤长丝自动化生产高端装备领域的垄断，完全替代了进口，大幅降低了企业设备投资，为推动行业转型升级、实现智能制造奠定了基础，使智能化生产在行业内广泛推广成为可能。与此同时，该项目成果形成了系列理论应用创新，填补了多个国内空白或行业空白，形成多学科协同创新机制，并培养了一支化纤智能化生产关键技术人才队伍，为普及并推动相关技术在我国的应用与发展提供了人才保障。

该方案的推广和应用，推动了化纤生产智能制造技术进步，有效促进行业转型升级，进一步提升了我国化纤行业的国际竞争力。该项目开创了化纤长丝生产智能化模式，树立了化纤智能制造的标杆，是化纤长丝新建工厂的必备系统，核心技术装备已出口到东南亚等国家和地区，实现了出口创汇。同时，形成一批物流工艺技术创新成果，已在印染、棉纺、毛纺、纺机等领域应用，推动技术创新装备在整个纺织行业推广，得到包括中央电视台在内媒体的广泛报道，具有显著的社会效益。

1.3.6 项目总结

化纤长丝生产主要工序包括聚合、纺丝和丝饼作业。聚合、纺丝已实现数字化生产，而丝饼作业完全依靠人工，成为制约行业实现智能制造的瓶颈。项目聚焦丝饼作业工艺、物流、质量管控、生产管理等关键工序环节智能化生产需求，以实现数字化，提升劳动生产率、管控水平、优等品率和降低生产成本为目标，研制了化纤长丝丝饼作业全流程智能化成套技术与装备，形成了化纤长丝丝饼作业的全流程智能化解决方案，并开展产业化推广应用。

该系统的成功研制，使先进的工艺装备技术、现代管理技术和以先进控制与优化技术为代表的信息技术相结合，将企业的生产过程控制、优化、运行、计划与管理作为一个整体进行控制与管理，提供整体解决方案，以实现企业的优化运行、优化控制与优化管理，从而提升企业核心竞争力。

该方案主要技术创新：构建了基于丝饼作业工艺全流程多任务的均衡生产模型，开发了化纤长丝智能化生产工艺数据库，研制出成套丝饼作业全流程数字化工艺，提出了化纤长丝丝饼作业全流程智能化生产新模式。

该方案通过科技方案鉴定 5 项，整体技术达到国际先进水平，外观在线智能检测达到国际领先水平，填补了国内外空白，获得 2019 年中国纺织工业联合会科技进步奖一等奖、2021 年包装行业科学技术奖一等奖。

该方案已在 43 家化纤生产企业推广应用。该项目首创了化纤长丝智能化生产模式，促进了产业升级，树立了化纤智能制造的标杆，提升了我国化纤行业的国际竞争力。

1.4 案例四：电子级玻璃纤维生产线智能物流解决方案

1.4.1 项目概述

玻璃纤维作为新型复合材料，具有耐高温、阻燃、抗腐蚀、隔热、隔音性好、抗拉强度高、电绝缘性好等特点，主要应用于汽车、轮船等行业。

电子级玻璃纤维作为新材料的代表性产品，广泛应用于航空航天、电子基材、国防军工等高端应用领域。由电子级玻璃纤维织造成的电子玻璃纤维布是覆铜板及印制电路板工业必不可少的基础材料，其性能在很大程度上决定了产品的电学性能、力学性能、尺寸稳定性等重要性能。随着以 5G 通信技术为代表的电子信息领域迅猛发展，电子级玻璃纤维市场的需求会有较大规模的增长。

电子级玻璃纤维具有工艺复杂、人机结合多等难点，生产工段涵盖拉丝、原丝找头、原丝存储、捻线加工、管丝检验、管丝存储、整经、盘头存储、织布、织布存储、后处理、织布成品托盘存储、织布成品检验、管丝成品托盘存储等多个流程，其物流系统自动化程度较低，主要由工人完成物料到各工段的运送或简单的系统运送。目前，国内外的电子级玻璃纤维生产企业多以小容量生产为主，单个生产车间产量约为 2 万~3 万 t/年，车间物流全部采用人工或叉车搬运方式，落后的物流模式成为企业向大容量生产线转变的瓶颈。

北自科技结合多年的玻璃纤维生产线自动化系统应用经验，经过详细的系统论证，于 2018 年为某玻璃纤维龙头企业设计了一套完整的电子级玻璃纤维生产线（见图 1-31）自动化物流系统，2018 年 9 月 26 日进场施工，2019 年 1 月 15 日开始正式投入使用，并于 2019 年 11 月 28 日顺利通过验收。

图 1-31 电子级玻璃纤维生产线

该项目基于电子级玻璃纤维生产工艺复杂的特点，为大容量电子级玻璃纤维生产线设计了全流程车间智能物流系统，可满足电子纱产能 6 万 t/年，电子布产能 2 亿 m/年。该项目对整个车间的物流工艺进行了深入研究，首次开发了基于排队理论的拉丝区多属性丝车转运分配方法、捻线区多点对多点的高效立体智能分配方法、坯布库无托盘高效存储方法，实现了物流各个环节的自动化；研制了多种智能化专用装备，替代人工，实现了作业的自动化；研制了适用于电子级玻璃纤维生产的物流信息全流程管理系统，实现了产品生产信息数据的实时识别、绑定、跟踪与处理，准确性提高到 99.999%。

本项目的实施，彻底改变了原有的劳动密集型作业模式，降低了用户的生产成本，提高了生产效率，突破了物流瓶颈，为用户提供了适应高产能、智能化生产的完整智能物流解决方案，树立了电子级玻璃纤维智能化生产的行业标杆，提高了用户的核心竞争力，为用户实现"由大到强大再到伟大"的目标奠定了基础。

该物流系统涵盖拉丝车间、找头车间、捻线车间、检验车间、整经车间、织布车间、后处理车间和成品立体仓库等，共有各种设备 1600 余台、环形穿梭车 40 台、空中自行小车 40 台、堆垛机 16 台、地面分配车 14 台、LED 显示系统近 200 台。

1.4.2 项目需求分析

电子级玻璃纤维生产具有节拍快、工艺流程多、工艺环节复杂、产品时效性强等特点，全部采用人工转运的生产物流作业模式具有用工多、工人劳动强度大、物流效率低、产品信息错误率高等弊端，是制约产能进一步提高的瓶颈。通过对生产工艺的深入研究，将按区块分布的多个工艺生产段根据不同的物流流量、流向，不同的产品信息流的传递、跟踪和处理要求整合为全流程、一体化的智能物流系统，实现物流环节向无人化生产过渡，进一步提升单线产能，成为行业的必然选择。

1.4.3 项目总体设计

本方案采用了"确定方案→关键技术研究→设备研制和开发→系统集成→应用验证及完善"的实施流程。首先，根据生产工艺流程要求结合生产设备布局，分析制约生产节拍的瓶颈，规划自动化物流系统的布局，重点研究关键工艺节点的特殊需求，完成总体方案设计。其次，结合现场生产需求，完成关键生产环节的物流装备研发。最后，通过开发的管理和调度系统，实现了产品从拉丝产出至成品发货过程的全流程物流和产品信息流的准确通畅，形成完整的智能物流解决方案。

电子级玻璃纤维生产线全流程车间智能物流系统，涵盖了生产中的所有工序，包括拉丝区丝车上线、找头、暂存、捻线、检验、整经、准备、织布、坯布、后处理及成品入库、成品检验和成品出库等流程，涉及工艺多、工况复杂、人机结合要求高。本项目通过深入的工艺研究，根据车间现有场地合理安排生产与物流设备布局，将各工段有序衔接配合，确保物流满足生产节拍要求。

首先，根据生产工艺流程要求结合生产设备布局，分析制约生产节拍的瓶颈，规划自动化物流系统的布局，重点研究关键工艺节点的特殊需求，完成总体方案设计。

其次，结合现场生产需求，完成关键生产环节的物流装备研发。

最后，通过开发的管理和调度系统，实现了产品从拉丝产出至成品发货过程的全流程物流和产品信息流的准确通畅，形成完整的智能物流解决方案。

电子级玻璃纤维产品的生产工艺流程如图 1-32 所示。

由图可见，整个车间生产工段多，生产工艺复杂，从原丝产品上线、中间过程转运、捻线加工、形成管丝产品后进行成品管丝打包入库或再加工成为坯布，到最终成为成品布卷入库及发运，整个流程通过近 30 个生产工序实现了原丝到管丝再到成品布卷的生产加工和储运。

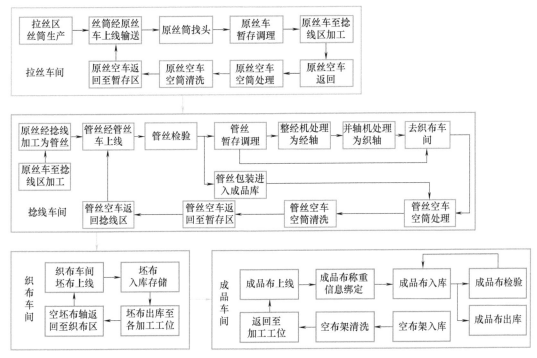

图 1-32　电子级玻璃纤维产品的生产工艺流程图

在传统的生产过程中，通过人工或叉车拉送丝车的方式完成产品在各个工序之间的转运。工人将产品存放在有限的空间内，通过贴纸标签的形式对各种产品品种、等级加以区分。当工段需要产品时，由工人到相应暂存区内进行查找并运送到需求工段使用，适用于产能小、产品品种少的生产模式。

拉丝区、捻线区、织布区及成品布输送区是整个生产过程中用人工最多、劳动强度最大、劳动环境最差的环节。拉丝区环境封闭、潮湿、机械噪声大、生产过程中使用的化学物质对普通钢材有腐蚀性，24h 不间断生产，生产工位对丝车供给需求高，生产与后续工序衔接紧密；捻线区生产加工的产品品类多、生产节拍快、产品信息准确性要求高，生产空间多为产品加工设备，产品存放空间小、混存现象严重；成品布区域，单卷成品布重约 700kg，通过可折叠的托盘进行转运，此处工人劳动强度最大。

电子级玻璃纤维生产信息系统集仓储、物流于一体，采集超过 25 万个点位的信息，包含自动物流设备监控系统、调度系统、信息管理系统和制造执行系统接口、条码系统接口等部分，开发了模块化、易扩展的管控系统和具有自学习功能的视觉识别系统，全过程智能识别及灵活的产品处理策略，实现了产品的数据识别、绑定、跟踪与处理，形成了产品全流程智能物流信息管理和调度系统。其结构图如图 1-33 所示。

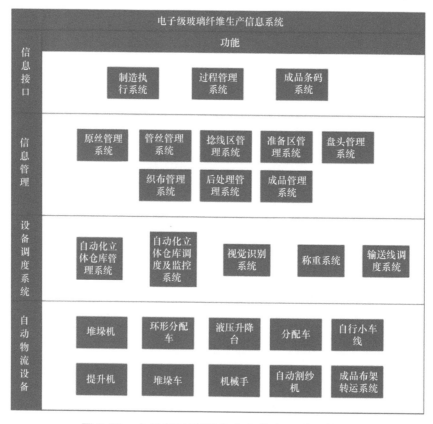

图1-33 电子级玻璃纤维生产信息系统结构图

1.4.4 项目关键技术

1. 基于排队理论的多属性丝车缓存分配方法

本方案研发了一种基于排队理论的多属性丝车缓存分配方法，充分利用拉丝区、找头区、洗筒区和返回区共用的有限空间，实现了满筒丝车、无筒丝车和空筒丝车的高效转运，输送节拍可达到180车/h。暂存区丝车转运流程如图1-34所示。

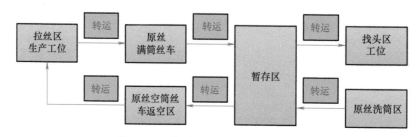

图1-34 暂存区丝车转运流程图

由暂存区丝车转运流程图可以看出，在传统小产能生产模式下，丝车的转运都是通过人工完成，劳动强度大，生产效率低，各生产区域共用一个缓存车间，容易导致信息管理混乱，不但影响生产效率，而且使用错误的丝筒还会严重影响产品质量。

本方法将丝车暂存区作为重点流转节点，以不同丝车的属性信息和去向信息为基础参数，以暂存区丝车先进先出为调度原则，利用环形分配车系统以及环形封闭轨道内的缓存输送设备，开发了基于排队理论的环形穿梭车的多任务调度算法，如图 1-35 所示。算法主要对服务系统排队过程的几个数量指标进行分析、研究，为物流提供参考与自主智能决策方案。

图 1-35　排队模型框

在图 1-35 所示的排队模型中，丝车视为顾客，系统视为服务机构，将所有缓存设备及接口出入站台视为一合并的站台列，丝车到达站台列，等待即视为丝车排队，等候服务，到达指定站台，视为服务结束。

该项目暂存区生产现场如图 1-36 所示。

图 1-36　暂存区生产现场

2. 捻线区多点对多点的高效立体智能分配方法

捻线区长度为 150m，共有 128 个配送工位，是车间生产最为集中的工段，也是输送节拍要求最快的工段，其中原丝车用量为 120 辆/h，管丝车用量为 80 辆/h。捻线区主要完成原丝和管丝两种产品的生产转换和输送，即将原丝筒产品通过捻线机转换为管丝产品，通过管丝车上线运至管丝检验区检验，空原丝车返回至洗筒工段，供拉丝区使用。

本方案设计了捻线区多点对多点的高效立体智能分配方法，将现有捻线区域划分为多层立体空间，底层对接捻线区 128 个生产工位，上层对接原丝与管丝空满车输送系统，两个系统分层运行、互不干涉，通过专有设备实现不同属性丝车在层与层之间的分配和转运。

按照车间生产计划，车间管控信息系统下发原丝筒产品丝车和管丝筒产品丝车生产需求（原丝车与管丝车用量比为 6∶4），系统根据需求指令分配不同属性丝车到达指定工位位置，通过 LED 显示系统显示当前丝车的产品信息，完成生产工位与输送系统的丝车信息交互。

在传统生产模式中，丝车的转运全部需要工人推送至各个工位，劳动强度大，捻线区共用物流通道导致各种丝车混存，车间拥挤，生产效率低，产品时效性与信息准确性无法保证，不适用于高产能生产模式。

本方法实现了丝车在捻线区的自动化立体输送，完全替代传统物流模式，极大降低了工人劳动强度、提高了生产效率，并通过生产信息与产品信息的结合，解决了大规模生产的产能瓶颈；分层平台的设计，减少了人、设备、丝车的交互通道，也使得车间内空间利用率得到了很大的提升。捻线区生产流程如图 1-37 所示。

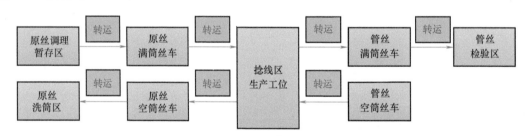

图 1-37　捻线区生产流程图

3. 坯布库无托盘高效存储方法

本方案创新性地研制了坯布无托盘出入库的高效存储方法；开发了布卷存放工装机构，将立体库货架存储方式由托盘存储改为坯布直接存储；基于在线动态位姿误差模型和补偿修正算法，开发了大惯量负荷下空间位姿在线高效动态定位技术，定位精度小于 5mm；开发了布卷专用定位存取机构，将坯布直接存放于立体库货架上，提高了设备的作业效率。

坯布库总长 100m，由一台堆垛机及一个入库端、七个出库端设备组成，生产节拍为 28 卷/h。

在以往的存储方案中，坯布进入立体库存储是放在带有工装的托盘上，托盘先从立体库货位中取出并放置在入库口位置，工人将坯布放置到托盘后，通过托盘的转运并存储在自动化立体库货架上，实现坯布的入库；后处理工段需要相应品种坯布时，通过立体库堆垛机将该坯布托盘取出，放置于站台输送机处，供工段加工处理，空托盘再返回至立体库由堆垛机放置在空货位位置。托盘存储方案如图1-38所示。

此种运送方式无论是坯布入库还是出库，都需要堆垛机对托盘进行多次作业，极大地影响生产效率；立体库的每个存储货位需要增加工装托盘和辅助存储机构，相应增加了用户成本。

与原有方案相比，本方案节省了托盘和货架材料成本，减少了多次托盘搬运作业，有效降低堆垛机作业量，在提高运行效率的同时降低了项目投入成本。无托盘存储方案如图1-39所示。

图1-38　托盘存储方案　　　　　　图1-39　无托盘存储方案

4. 适用于潮湿环境的耐腐蚀高效丝车转运分配设备

玻璃纤维生产是将玻璃、硅酸盐矿石等经过高温熔化成液体，再通过浸润剂等配方，对玻璃液进行化学处理，经过拉丝机高速卷绕成丝，使得玻璃丝具有强度高、柔韧性好、耐腐蚀、不易断等特点。因此，拉丝区的生产空间密闭、环境潮湿、腐蚀性液体较多。

拉丝工段是整个车间生产的源头，共有76个丝车工位，每个工位均可生产不同品种、不同等级的原丝产品，工位每下线一辆满筒丝车，需立即补充空筒丝车，丝车转运节拍要求为180车/h。

针对拉丝区的环境特点、多品种多等级的生产要求，设计开发了耐潮湿、耐腐蚀、通信稳定，并具有精确定位及安全防护功能的高效丝车转运分配设备，设计了设备智能排产调度原则。

本设备主体采用不锈钢材质，适用于潮湿环境，能够有效防止腐蚀性液体对设备的侵蚀。特别设计了安全防撞装置，防止工人在生产中被设备撞伤等，具有较高的安全性，如图 1-40 所示。

生产区域是被不锈钢板封闭的空间，设备通信的稳定状况直接影响车间的生产效率。为解决以上问题，本设备采用了无线漏波通信和条码认址的方式，通信电缆和条码带沿轨道布置，设备通过漏波电缆与主站实时通信，确保信息交互不中断；条码带材质具有斥水性和防污损性，数据采集精度为±0.2mm，确保了设备在拉丝区各工位的停准精度，保

图 1-40　高效丝车转运分配设备

证了丝车在工位交互时顺畅运行，减少了故障停止时间，提高了生产效率。

针对每个生产工位的原丝生产及空筒丝车需求情况，设计了智能高效调度原则，实现设备与生产工位、满筒丝车出口暂存区、空丝筒丝车暂存区的最优动态调度作业。

拉丝区共用 10 台设备，每台设备实时接收各工位的需求信息。当某一工位发出满筒丝车下线请求时，调度原则立即调度区域内离该工位最近的设备执行满筒丝车转运任务，并调度离空筒丝车暂存区最近的设备执行该工位的丝车补充任务。当执行任务的设备运行前方有其他设备停留时，调度系统为执行任务的设备设置高优先级别，自动将无任务的设备调离原停留位置，确保产品第一时间到达满筒丝车暂存区或需要空筒丝车的工位。

多个工位同时发送请求时，调度系统根据设备当前位置采用路径最优原则，调度距离工位路径最近的设备执行满筒丝车转运任务和对应的空筒丝车补充任务。

本套设备投入运行后，完全替代了传统的人工转送物流方式，智能高效调度原则保证了设备能够在最短时间到达作业执行点，输送效率满足车间的生产需求。

5. 捻线区多点对多点的立体智能转运物料分配设备

捻线区作业长度为 150m，共有 128 个作业工位，作业节拍为 200 车/h，物流设备需要在尽量短的时间内完成最多的输送任务，以满足生产需求。

本项目创新性研发了多点对多点的立体智能转运物料分配设备。设备采用新式单轨行走机构，行走轨道位于通道中间，通过高密度轮组的设计，不仅提高了设备的运行速度，同时也降低了设备的运行噪声。设计双工位输送装置，设备运行一次可完成两个丝车输送作业，大大缩短了设备重复运行时间，提高了车间的生产效率。基于遗传算法，开发了最优路径规划技术，实现受限空间

内单线多设备协同，满足多点对多点的物料转运的智能化作业。该设备如图 1-41 所示。

该设备运行速度为 80m/min，加速度为 $0.5m/s^2$，水平输送距离为 40m，提升距离为 4m，可以实现转运作业量 60 车/h。将捻线区按长度平均划分为 4 段作业区，整个区域共使用 4 台设备，设备总作业量可达到 240 车/h，远远超过车间使用需求，完全替代人工，大大降低了用户的生产成本。

6. 坯布库无托盘高效存取设备

开发了适用于布卷/轴存储的无托盘高速存取设备。该设备借鉴堆垛机本体结构，研制开发了新型宽式地轨和行走机构；在二指货叉结构的基础上，设计了适用于布卷/轴的重载支撑组件，支撑组件与货叉联动，完成布卷/轴的存取作业。

图 1-41　立体智能转运物料分配设备

坯布库总长 100m，货架总高 14.5m，共有 8 个作业点。坯布轴全长 1.55m，为空心圆柱形状，重约 5kg；坯布宽度为 1.3m，重约 700kg。为保证坯布轴的安全存取并为货架留有存放空间，设备单边作业空间仅有 10mm。考虑到货架、设备、布轴的位置误差，设备存取作业空间需要控制在 5mm 以内。

该设备行走机构采用 H 型宽轨配聚氨酯新材料行走轮，配以伺服驱动的技术方案，保证设备高速运行的稳定性和低噪声；大惯量负荷下空间位姿在线高效动态定位技术的使用，满足了设备在重载高速运行状态下的稳定性，通过补偿修正算法实现设备在停止定位阶段的快速响应，降低设备位姿变化对最终定位的影响，达到重复定位精度小于 5mm；存取机构保证设备在存取布卷/轴时，支撑组件能够准确定位在布轴中心位置，防止布轴偏心或架空，如图 1-42 所示。

图 1-42　坯布库无托盘高效存取设备

该设备投入使用后，水平运行速度可达到120m/min，独立作业30次/h，可实现24小时工作制的稳定运行。

7. 成品布区异形布架的转运系统

作为车间生产的最后一道工序，成品是以布卷的形式放置于布架上，并运送入成品库存储。布架是四点支撑结构，无论是链式输送还是辊筒输送方式，都无法实现布架的自动输送。成品布卷重量接近1t，完全靠人工进行搬运，劳动强度大，危险系数高。布架随成品布卷流转，空布架以码垛的形式返回，逐个拆盘清洗后返回生产工位使用。

设计的成品布区异形布架转运系统包括2台双工位转运输送设备、10个工作点位。采用同轨道多设备多点位协同作业模式，基于多目标分析优化与决策理论，设计开发了智能排产系统。系统将两台双工位输送设备进行功能划分，其中一台设备用于成品布卷入库，另一台用于工位空布架补充，设备作业一次可完成两个布架的转运输送；清洗后的空布架以四个叠为一组，工位一次生产需要两个空布架，为方便空布架的补充，需要在生产工位附近设置拆盘机。拆盘机拆盘后，空布架仍需要再次转运才能到达生产工位，效率远远达不到生产要求，而为每个工位各设计一个拆盘机则提高了用户成本。

针对以上情况，在补空布架转运设备上设计了一台拆盘机。转运设备在接收到一组空布架后，拆盘机能够在不影响设备运行的情况下在线拆盘，简化物流搬运流程，提高了空布架托盘拆盘效率和工位补充效率，满足生产工位对空布架的需求，如图1-43所示。

图1-43 成品布异形布架转运系统

该设备投入运行后，不仅布架的流转实现了无人化、自动化搬运，而且空布架的拆盘工作也同样实现了自动化，工人劳动强度大大降低，在提高了车间自动化水平的同时简化了工艺流程，生产效率得到很大的提升。

8. 具有模块化、易扩展的管控系统

系统根据产品的生产工艺，采用模块化设计理念（见图1-44），设计开发了用户扩展功能模块，包括拉丝区、捻线区、检验区、准备区、织布区、成品区等工段；产品信息管理支持用户根据工艺和工段需求进行自定义的扩展，用户在系统界面中进行简单配置，即可满足新的生产工艺使用。

系统以面向对象为设计理念，基于 SQL Server 数据库，采用多种开发语言，将用户界面进行模块化编写，使之具有很强的通用性和维护性，为此类项目的再次实施提供了便捷的移植和应用基础。

图 1-44 系统模块化设计图

9. 全过程智能识别及信息管理系统

电子级玻璃纤维生产流程长而复杂，产品信息流伴随各个工艺环节。采用数据集市、协同系统的实时调度与大数据分析相结合的方法，开发了全过程智能识别及信息管理系统。

系统采用多套 OCR 视觉识别系统、一维/二维条码识别系统、PDA 等智能设备，在确保产品生产信息流正向可靠传递的同时，通过智能设备的数据采集，实现数据的智能采集和录入，方便工人随时查询，及时发现影响质量的工序及原因，具有全流程的可追溯性；连通工厂制造执行系统、成品条码系统的数据接口，通过完善的数据交互和校验功能，实现产品信息的管理和汇总；关键环节通过使用 PDA、LED 看板、操作终端等，实现多终端信息查询和操作，保障设备及产品信息的实时性和准确性。

系统还支持各环节的生产信息查询、报表自动生成及打印、网络远程操作、大数据量存储等功能，彻底改变了人工传递小标签+工艺卡片的低效率、低准确性、低时效性的传统作业方式，为大容量智能化生产提供了条件。该系统结构如图 1-45 所示。

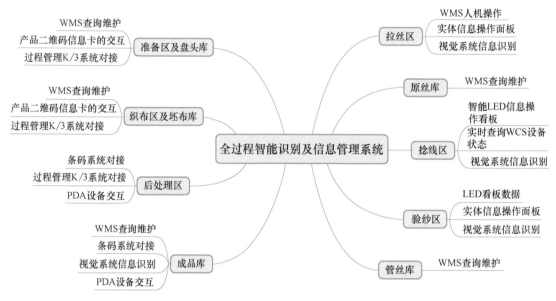

图 1-45　全过程智能识别及信息管理系统结构图

10. 具有自学习功能的产品信息视觉识别系统

开发了具有自学习功能的产品信息视觉识别系统，通过对产品标签、颜色和尺寸的智能识别，达到模拟人工识别的能力，实现产品数据的智能采集和记录。

在传统的生产方式中，主要由工人在产品上贴标签标记各产品品种、等级以及生产时间等信息。在后续生产过程中，工人根据标签信息完成该产品的加工，而一旦标签信息丢失、污损，工人无法判断当前产品，往往会造成产品无法准确加工、超过产品时效等情况，导致生产不稳定，降低产品质量。

而不具备自学习功能的视觉识别系统，只能根据拍摄的图像给出正确或错误信息，即便人工修正错误信息后，当同一图像再次经过识别系统时，仍然会给出同样的错误信息，需要人工再次进行修正处理，大大影响了系统运行的稳定性和连续性。

具有自学习功能的视觉系统是通过建立具有阶层结构的人工神经网络，在计算系统中实现模拟人工识别的功能，如图 1-46 所示。自学习功能的优势在于，系统能够随着外界环境如光线、材质、形状等的变化，构建瑕疵模板标准特征数据库并不断加以完善，实现了产品品种、颜色、尺寸等在线数据采集、对比、分析和判断等，解决了目前产品信息完全依赖人工纠正、难以保证生产的问题（图 1-47）。

图 1-46　OCR 信息采集系统对变形、污损标签的识别

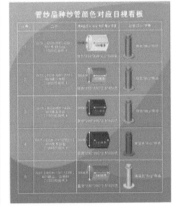

图 1-47　载具的颜色及尺寸看板

该项目共采用 27 个 OCR 识别系统，根据工艺不同分为两种功能：一种用于识别丝车码盘及产品条码，另一种用于识别丝车上纱管的不同颜色和尺寸。视觉系统通过近 5000 张完整样本的学习，整体识别率可达到 99.999%。当系统采集到错误样本时，一方面系统提供错误警告，提示人工进行修正；另一方面，系统会将出现的错误样本加入样本资料库。当错误样本再次出现时，视觉系统将分析资料库中的样本，根据学习后的正确结果自动给出准确数据，从而进一步提高识别率。随着资料库中学习样本的逐步增加，视觉系统自主学习的内容越来越多，系统的识别率会越来越高。

该系统解决了以往信息识别不准确、数据混乱的问题，杜绝了纱筒与丝车信息不匹配导致系统停滞的情况，保证了各工序顺利生产，保障了生产效率，提高了产品的质量。

1.4.5　项目实施效果

该项目实现了全球首个应用于超大容量电子级玻璃纤维生产线的全流程车间智能物流系统，可满足电子纱产能 6 万 t/年，电子布产能 2 亿 m/年，是全球产能最大的单体生产车间。该项目对整个车间的物流工艺进行了深入研究，首次开发了基于排队理论的拉丝区多属性丝车转运分配方法、捻线区多点对多点的高效立体智能分配方法、坯布库无托盘高效存储方法，实现了物流各个环节的自动化；研制了多种智能化专用装备，替代人工，实现了作业的自动化；研制了适用于电子级玻璃纤维生产的物流信息全流程管理系统，实现了产品生产信息数据的实时识别、绑定、跟踪与处理，准确率提高到99.999%。

1. 提出了电子级玻璃纤维生产线智能物流输送新模式

针对电子级玻璃纤维生产线流程长、影响因素多、对产品信息准确性要求高、工人劳动强度大、效率低、产品损耗大、质量及评定稳定性差、各车间缺乏产品与装备的实时信息采集及数据处理、生产缺乏统一协调管理的难题，提出了全新的智能物流输送新模式。新方案性能稳定，满足企业7×24h的连续作业要求，使用效果良好，大幅减轻了工人劳动强度，改善了劳动环境，降低了生产成本，提高了产品品质和企业管理水平，解决了企业用工荒难题，起到了提升企业形象、增强核心竞争力的作用，有效解决了企业发展困境，明显推动了企业智能化水平升级。

通过智能物流系统，不仅提高了车间的自动化、智能化水平，而且生产效率的提升也使得企业的生产规模得以大幅扩大。在传统的生产模式下，最大可实现2万t级电子级玻璃纤维生产规模；通过智能物流系统，最大可实现10万t级电子级玻璃纤维生产规模，产能扩大到之前的5倍。

2. 研制了用于电子级玻璃纤维生产线全流程智能物流的成套装备

全流程智能物流成套装备包括拉丝区智能物流设备、找头区悬挂输送设备、原丝暂存立体仓库、捻线区智能转运分配设备、管丝检验输送设备、管丝暂存立体仓库、盘头暂存立体仓库、织布区输送设备、坯布暂存立体仓库、待验布暂存立体仓库、成品布转运输送设备及成批立体仓库等，关键装备为适用于潮湿环境的高效丝车转运分配设备、捻线多点对多点的智能转运分配设备、坯布库五托盘高效存取设备和成品布区异形布架转运设备。

通过智能物流系统对生产的全流程自动化、智能化输送，缓解了企业对生产用工的需求。在传统生产模式下，2万t规模生产线需用工近400人，其中，半数工人从事产品的搬运工作；采用智能物流系统后，仅生产工艺设备及系统维护工作需由人工进行操作，产品的运输均由自动化设备实现，同样用400名员工，可实现10万t级规模生产线，大幅降低了企业用工数量，为企业节约了成本。

3. 开发了全流程智能物流信息管理和调度系统

全流程智能物流信息管理和调度系统集仓储、物流功能于一体，包含自动物流设备监控系统、调度系统、信息管理系统和MES系统接口、条码系统接口等部分，开发了模块化、易扩展的管控系统和具有自学习功能的视觉识别系统，实现了产品的数据识别、绑定、跟踪与处理。

1.4.6 项目总结

本项目是北自科技结合自身生产实际，为电子级玻璃纤维生产量身规划、设计的智能化生产基地，项目总投资近30亿元，是一条超大容量（6万t/年）自动化、智能化电子级玻璃纤维生产线。

本项目根据电子级玻璃纤维生产流程长，过程管理复杂，产品信息实时性、准确性要求高等特点，结合物流工艺要求，深入开展技术研究，通过分析制约生产物流节拍的瓶颈，不断优化物流布局方案，形成一套适合电子级玻璃纤维生产线全流程车间智能物流系统解决方案。主要内容包括：长达1.5km的车间输送设备，高速移动物流设备，多种组合机械手，具有自学习功能的视觉识别系统、自动控制系统、产品条码系统、制造执行系统、大型自动化立体仓库系统，以及与之配套的包含原丝、管丝、盘头、织布、坯布、成品布、成品纱各过程分段产品的工艺信息管理系统和物流管理调度系统，完成了工艺集成、信息集成、设备集成，实现了产品从拉丝产出至成品发货的全流程物流智能化。解决了电子级玻璃纤维生产大量采用人工运送、调配、加工、检验的难题，通过系统对数据自动进行采集、分析、整理，突破了电子级玻璃纤维从小规模生产向高产能自动化、智能化生产的瓶颈。通过本系统的实施，用户在人员配置方面由计划800人减少到约600人，产能由3万t/年提升至6万t/年，生产运行提效约20%。

本方案首次开发了基于排队理论的多属性丝车转运分配方法、捻线区多点对多点的高效立体智能分配方法、坯布库无托盘高效存储方法，实现了物流各个环节的自动化；研制了多种智能化专用装备，替代人工，实现了作业的自动化；研制了适用于电子级玻璃纤维生产的物流信息全流程管理系统，实现了产品生产信息数据的实时识别、绑定、跟踪与处理，准确率提高到99.999%。

本方案彻底改变了原有的劳动密集型作业模式，降低了用户生产成本，提高了生产效率，突破了物流瓶颈，为用户提供了适应高产能、智能化生产完整的智能物流解决方案，树立了电子级玻璃纤维智能化生产的行业标杆，提高了用户的核心竞争力，为用户实现"由大到强大再到伟大"的目标奠定了基础。北自科技率先掌握了大容量电子级玻璃纤维生产线智能物流设计、实施的核心技术。

第2章　智能管理软件

2.1　案例一：某内燃机车企业 ERP 系统集成解决方案

2.1.1　项目概述

该企业是内燃机车生产和修理的龙头企业，是中国铁路主要的轨道交通运输装备制造和服务基地。

自 2005 年来，该企业与国内外厂家合作，为这个百年老厂的发展带来了很大的机遇。然而，该企业在面临着历史上最好机遇的同时，也面临着来自内外部的多种挑战。对于它，技术、生产、物流、人力、财力等资源的配置与管理都是重大的考验。

2.1.2　项目需求分析

该企业与北京机械工业自动化研究所有限公司合作，启动了精益生产咨询和 ERP 项目，对原有的业务流程进行梳理，结合 ERP 和国内外同行企业先进的管理经验，确定适合公司管理模式与业务流程的管理方案，实现管理创新与业务流程的优化。同时，通过 ERP 系统，来实现所设定的管理目标，固定经过优化的业务流程，从根本上提高企业管理水平，提高企业的核心竞争能力，保证战略目标的实现。

2.1.3　项目总体设计

本项目包含物流、财务、生产、成本、集成等众多方向。ERP 系统模块如图 2-1 所示。

1. 物流财务

本项目的采购应付业务流程如图 2-2 所示。

采购应付业务流程包括了采购订单（合同）、采购接收的管理、质检入库、与供应商的付款结算、材料成本核算等。

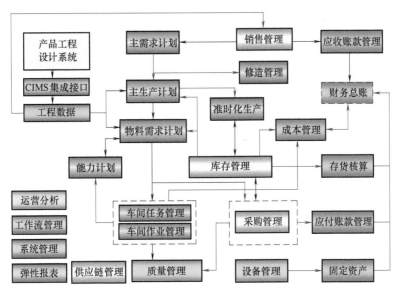

图 2-1 某内燃机车企业 ERP 系统模块

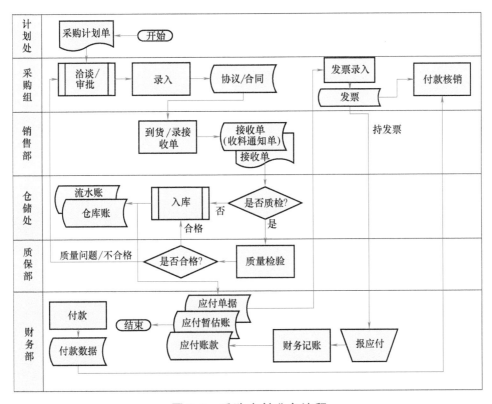

图 2-2 采购应付业务流程

2. 生产

本项目的生产包括新造和修造两部分，新造的生产管理流程如图 2-3 所示。

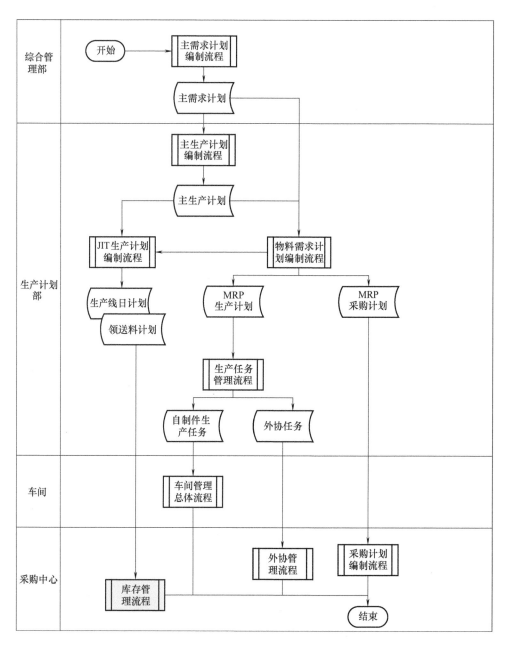

图 2-3 生产管理流程

3. 成本

根据成本物料清单（BOM），采用分项逐步结转法计算产品成本。

由于物料清单每一层级（从原材料到最终产品）的增量成本（加工本层级零件本身所消耗的费用）以及累积成本（加工至某层级零件累计发生的费用）在成本物料清单的各个节点都可以自动计算得到，这样就可以做到通过实际成本系统核算各层级零部件成本和最终产品成本。示意图如图 2-4 所示。

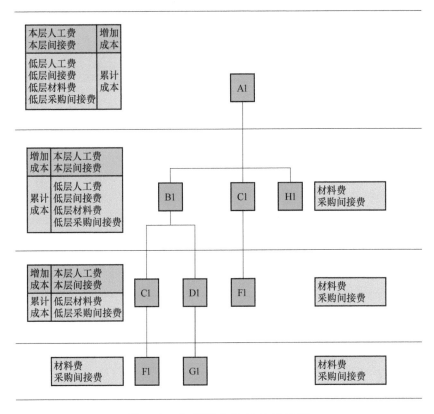

图 2-4 分项逐步结转法示意图

4. 集成

在项目实施过程中，完成了与多个应用系统（如 PDM/CAPP/ERP 系统）的集成，实现了三个系统之间数据的流转；通过与供应商系统集成，为供应商系统提供订单执行情况等信息；通过与机车决议系统集成，直接获取了检修车的车型、车号、局段、修程等信息；通过与物流配送系统集成，实现了物料工位配送等；ERP 系统还实现了与 EAS、售后服务等系统的集成。

2.1.4 项目关键技术

1）管理模式和工作流程的梳理、优化、更新和迭代，加强成本的核算、管理，以及对资金的管控。

2）通过业务数据的多级管理与审核，以及计划与物流、生产的业务集成，形成一个完整、连续、闭环的供应链计划体系，及时反映各车间生产进度情况，减少流通环节和信息传递失真，提高工作效率，使得各个环节标准化、透明化，为管理决策提供有效的数据支撑。

3）定量外物资的采购与管理。

2.1.5 项目实施效果

1. 采购应收业务流程

（1）加强成本核算　财务部直接按计划价进行当月物资暂估。收到采购发票时，由采购员指明到货批次，告知料票稽核人员，由料票稽核人员在 ERP 系统参照采购到货单录入采购发票，系统自动将原暂估冲回，改变月底估入月初冲回的方式；由系统自动计算入库差异和材料差异率，并按此差异率计算出当期的生产领用实际成本。

对于同一种物资既可采购又可自制的情况，要严格区分物资的来源，采购物资必须入采购件库，自制物资必须入自制件库，从而使得生产领料的成本更加合理，产品的成本核算更加准确。

（2）完善采购发票的管理，加强对资金的控制　通过使用应付系统，加强对发票的管理，使采购员和财务人员随时了解企业对供应商的欠款情况，如欠款金额、欠款时间，为采购员提付款申请和财务部审批提供了准确的依据，避免反复沟通和平衡，节约了时间，提高了效率。同时，财务部可以通过对供应商的账龄分析和企业资金状况，有针对性地提供月付款额度计划；也使采购员、财务部和其他相关业务部门能随时了解发票的欠款净额、合同的欠款状况等信息。

2. 新造生产模块

1）通过计划与物流、生产的业务集成，形成一个完整、连续、闭环的供应链计划体系。

2）及时反映各车间生产进度情况，减少流通环节和信息传递失真，提高了工作效率，为管理决策提供了有效的数据支撑。

3）各车间领料员根据任务下达时生成的计划领料单生成生产领料单，支持限额领料。在实际业务过程中，如果超领余额台账中存在超领量，则先使用超领量，超领量不足才允许重新开出生产领料单，避免物料浪费。

4）建立车间在制品台账，监控车间生产领用、车间物料消耗、车间完工、完工入库等信息，使得生产管理人员能够及时获得车间的领料量、消耗量、结存量等信息，为生产计划和采购计划制订提供准确的数量依据。

5）通过 ERP 系统管理外协公司物料台账，及时更新外协公司物料及产品的在制品情况，保证了外协公司在制品情况的准确性。

6）逐步优化计划编制的提前期、批量政策等参数，将经验变成企业的知识资源，形成企业科学、严谨的期量标准，减小由于人员经验不同造成的计划偏差。

7）通过全面实施和应用生产管理系统，打破定点作业计划系统、K3系统、手工信息收集方式形成的信息孤岛，实现物流、信息流的统一。在实施和应用过程中，整体考虑企业的业务需求，优化和固化业务流程，在企业内部各部门之间实现信息共享，使各业务部门能够及时地查询想要获取的信息。

修理部分包括修造计划、细录单管理和车间管理等内容。

3. 修造模块

1）通过建立车间检修旧件、新造配件台账，方便生产计划部根据车间在制品情况检查车间实物在制品数量，检查账实相符率。通过领料单进行限额领料，促进细录单与实际领料的一致性，提高更换率统计的准确性。

2）通过对整机解体、整机修理、大部件修理下达任务，对整机修理编制修理作业计划，提高整机修理的配套性。

4. 销售应收业务流程

1）加强销售合同的信息管理，提高数据的共享性　通过ERP系统，使营销中心、财务部等部门的相关人员能及时查看协议和合同信息。

2）规范产品发货管理　产品的发货统一由销售员作为发起人。销售员根据合同的交货时间及库存状况，将销售合同号、产品、数量等数据录入销售系统，生成销售提货单。该单据要经营销中心销售处长或具有销售职能的公司、分厂、事业部的经营处长签字后，作为到仓库办理出库的依据。

3）完善产品管理，自动生成应收单据　整机或修理车完工后，车间要办理完工入库手续，由生产计划部指定相关人员作为虚拟库管员进行入库记账，同时按销售员的提货单进行销售出库。

销售出库单记账后，由系统自动流转到应收系统的应收单据里。若当月该出库单未开发票，则形成企业的发出商品。

4）销售发票的管理　销售员通过在应收系统中选择参照应收单据进行发票录入，建立起对客户的应收账管理，同时冲减发出商品明细账。

应收账款的建立，使财务和销售人员能随时查询应收款的账龄，了解客户的欠款额和欠款时间，为催款提供了依据。

5）收款管理　财务部将实际收到的货款录入系统，由销售员将收款信息和发票在系统中进行核销，使营销中心、财务部和其他相关业务部门能随时了解发票的欠款净额、合同的欠款状况等信息。

5. 实际成本核算

1）通过物流、生产业务系统提供及时准确的成本来源数据，提高实际成本核算的准确性。

2）充分发挥计算机的优势，采用分项逐步结转法，核算到零部件成本。

3）通过实际成本系统的实施，促进技术基础数据的完整性（例如完善工时定额），提高物流生产业务的规范性（例如避免打白条、体外循环等现象），加强限额领料管理，实现成本事中控制。

4）通过实际成本的环比、同比、成本构成等差异分析，不断完善材料定额，帮助管理人员找出降低成本的途径。

5）建立标准成本核算平台，为销售报价、外协定价奠定基础，同时为实际成本与标准成本对比分析提供依据。

2.1.6 项目总结

通过本次咨询、ERP 项目的衔接实施，取得了以下成果：

1. 通过管理咨询，对公司的管理模式和工作流程进行了全面诊断

2010 年 8 月，完成了管理模式与工作流程优化，通过管理咨询，形成了《管理模式与工作流程优化咨询报告》。

管理模式与流程优化涉及发展规划与全面预算、产品设计管理、工艺设计管理、营销管理、生产计划管理、机车新造车间管理、机车修理车间管理、物资供应管理、成本管理等九方面的业务范围。针对优化公司管理的实际和 ERP 系统实施的需要，本阶段合计新增或改进 41 个核心业务流程。这些流程的优化为 ERP 系统的成功实施奠定了坚实的基础。

2. 新造生产和机车修理管理系统上线运行，首次实现生产业务在 ERP 系统中的管理

1）新造生产管理系统的上线运行，实现了整车通过 MRP 系统下达生产计划，以及所有配件的上线运行。生产领料由物料清单控制，避免了多领、漏领、随意领的现象，且领料人员生成领料单的方式简单、快捷。

2）修造管理系统的上线范围已覆盖了公司检修车型的大修、中修、轻大修等全部修程，通过细录单管理实现了限额领料，解决了原来烦琐的领料方式与重复劳动的问题，大大提高了工作效率，从而使机车修理管理信息化水平上了一个新的台阶。

3. 实现了业务数据的多级审核，加大了流程化管理和监管力度

工作流中开发的采购计划审核流程、采购订单审核流程和领料审批流程实现了多级审核及会签功能，审核通过才能流转到下一流程，加强了流程化管理和监管力度，在工作流中可查询审核的具体过程及时间，为后期发生问题后追责提供了依据。

4. 定量外物资采购更加快捷

对定量外采购流程进行了调整：定量外物料由申请单位在系统内录入需求申请，采购中心计划员负责生成采购计划，采购员进行采购，采购中心只负责采购及收发料管理，采购的物料录入相应的采购库即可，物流公司负责收发料流程。取消了原有的纸质审批流程，使定量外采购更加方便快捷。

2.2 案例二：烟草机械行业 RS10/ERP 系统建设方案

2.2.1 项目概述

该公司主营范围包括烟草专用机械的研发、设计、生产、大修和销售，以及烟草专用机械零配件的设计、生产和销售。经过近 20 年的努力，公司已从品类单一的辅联设备、低速包装机生产企业，发展成集中速机制造、高速包装机组大修翻新、高速烟机零部件生产及各类制丝辅联设备制造于一体的现代烟草机械加工制造企业，具有烟草机械开发、制造、大修的丰富经验。公司前期产品主要有压梗机、软盒包装机、硬壳包装机、软盒硬条包装机组等。

1998 年以来，公司一直为硬盒高速包装机组及卷接机组配套生产部分主要零件，产品质量和制造水平得到了进一步提高，满足了用户的需求。公司先后成功进行了多个机组的大修翻新改造并形成一定批量和规模，得到了用户的普遍认可。

2.2.2 项目需求分析

1. 计划编制需求

1）目前企业生产过程中的计划编制和执行是通过手工的方式进行，并且采购计划和生产计划由不同的计划员执行，很难保证计划的一致性和完整性，会造成缺料和积压的情况，齐套率低。

2）大修换件清单中的零部件能否满足修理装配要求，需要根据换件清单进行实物出库后才能知道，并且由库房人员提供差件清单，再进行生产安排。每台修理机器的换件品种在 1000 件左右，库房出库需要 2~3 天时间，不利于提前安排生产和采购。一次性把所需零部件出库，不利于减少车间在制品数量。

2. 基础数据管理需求

1）生产用基础数据管理薄弱，修理过程中的再装配没有相应的装配工艺，完全靠工人经验进行装配，修理工时也是按总包工时进行管理，不利于精细化管理，不利于提高生产效率。

2）配件生产工艺不完整，有些零件没有加工工艺，工人在加工过程中按照自己的经验进行操作。

3）材料定额数据不是统一由工艺制定，存在毛坯下料工自己计算下料毛坯等情况，并且下料后的毛坯没有进行变码，与原材料的编码相同，造成多物一码。下料后的毛坯没有进行库存管理。

4）每种型号烟机修理换新率统计工作量大，很难保证数据的准确性。不能根据以往修理中配件的换新率给出较为准确的常备件清单。

5）修理烟机的换件清单由技术部确定，但在修理过程中，工人又会根据自己的经验决定是否换新件，出现根据技术部的换件清单进行领料，一台烟机修理完成后再进行退料的情况，技术部的换件清单不具有权威性。

3. 车间作业管理需求

1）烟机配件的车间生产任务下达后，需要每周与机加工车间开会沟通任务完成情况来安排下周的生产任务。综合计划部计划员不能及时掌握车间生产情况。

2）从仓库领到车间的物料没有车间物料在制品账，对车间物料没有进行管理。

4. 外协管理需求

在成本核算过程中的热处理外协加工费用的分摊不均匀，只有已开发票部分的金额才被当时核算期的成本分摊，并不是按照每个核算期实际发生的工序外协加工费用进行分摊。

5. 建设目标

1）预投预买、配件及大修用配件的生产和采购计划通过 ERP 系统的物料需求计划统一编制、统一考虑资源，并且实现滚动计划，使得生产计划和采购计划的数量和时间更加精细化，任务安排更加合理有序，提高准时交货率。

2）通过采购计划管理，统一计算采购物资的数量和时间，使得采购物资与生产需要相匹配，避免原来分散采购考虑不周全造成缺料的情况。

3）烟机修理和配件生产业务采用 ERP 系统进行处理，生产任务的下达、开工、完工汇报等通过 ERP 系统进行管理，使得生产信息能够及时准确地反映在系统中，各相关部门可以实时查询生产信息，降低各部门之间的沟通成本，提高工作效率。

4）通过生产领料单的限额领料，做到事前控制材料成本，控制随意领料的情况。

5）车间每日通过系统及时进行完工汇报，使综合计划部和车间负责人及时掌握生产情况，发现问题及时解决，保证生产顺利进行。

6）通过车间在制品账实相符率的日常监控，加强机加工部和大修理部车间在制品的管理，保障车间在制品账实相符，及时暴露和处理生产过程中发生的异常情况，减少紧急缺料的情况。

2.2.3 项目总体设计

1. MRP 计划编制

目前主要有烟机修理和烟机配件生产两大业务，两大业务中的配件生产计划需要统一考虑和统一编制。配件生产管理总体流程如图 2-5 所示。

通过生产管理系统，解决了如下问题：

1）通过 RS10 生产管理系统和修造管理系统，对整个生产过程用系统进行管理，生产计划以修理订单、配件订单作为需求的源头，考虑库房物资、采购在途及车间在制品等，采用 MRP 原理编制物料需求计划，编制出准确的生产计划和采购计划，生产计划的周期可以每来一个新的订单就重新编制一次。这样，不需要按实物出库后根据换件清单再进行生产安排，只要技术部给出换件清单就可以马上编制生产计划和采购计划。

2）考虑换件清单作为修造配件需求，参与 MRP 计划编制。通过编制 MRP 计划，生成差件清单的生产和采购计划，不需要每次大修机到厂后通过实物出库的方式产生差件清单，节省了实物出库的时间，使得生产任务可以提前安排。实物出库只需根据装配任务的实际需要时间出库即可。

2. 基础数据

1）加强修理工艺数据的整理和细化，逐步编制装配工艺，并不断进行完善，为管理的精细化提供依据。通过修造系统对烟机修理业务进行管理，把修理过程分为入厂鉴定、整机拆解、零部件外协修理、部件装配、整机装配 5 个阶段，通过系统下达各阶段的生产任务，同时工时定额也要细化到对应的阶段，改变目前总包工时的粗放式管理模式。根据修造物料清单的定义，把机组下的主机、辅机及大部件的任务通过各装配任务之间的时间偏移生成各装配任务的开工和完工时间，使得装配任务更加准确，便于管理。

2）整理机加工工艺，补齐目前零件没有的加工工艺。同时在编制工艺时，要考虑设备能力，保证车间生产任务的完成。

3）将综合计划部原材料库的下料业务纳入生产管理，下料后的毛坯独立编

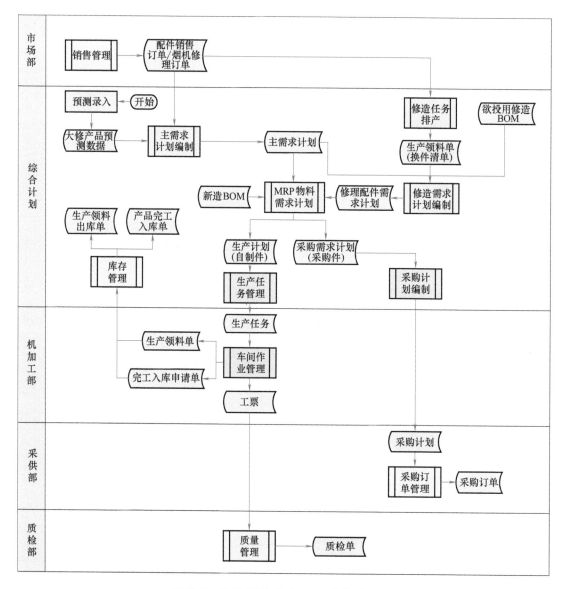

图 2-5　烟机配件生产管理总体流程图

码，完工后办理入库，这样对于毛坯下料业务进行任务和库存管理，下料工按照生产计划员下达的任务进行毛坯下料。

4）通过系统提供的换新率统计，定期统计修理中的配件换新率，及时调整必换件清单，使得预投预买计划更加准确。

5）完善执行换件清单的管理办法，使得技术部门下达的换件清单具有严肃性，以保证产品质量。当根据换件清单进行领料后，车间工人在维修过程中对换件清单产生异议的，必须经过技术部相关人员进行确认，才能进行更改。如一台烟机修理装配后确实有剩余物料，则要进行车间在制品盘点（进行盘盈处理），对于剩余的物料要冲减这台机组的成本。

退库由大修理部提出物料退库申请，技术部审核。这样技术部可以掌握每台修理机所用物料与换件清单的差异，分析原因，提高换件清单的准确率。改变原来只考核增补件的方式，改为对换件清单相符率进行考核。

3. 车间作业管理

车间作业管理包括车间工序派工、生产领料、工序作业计划编制、车间完工汇报及车间产品完工入库管理流程，完成车间生产过程的管理。流程图如图2-6所示。

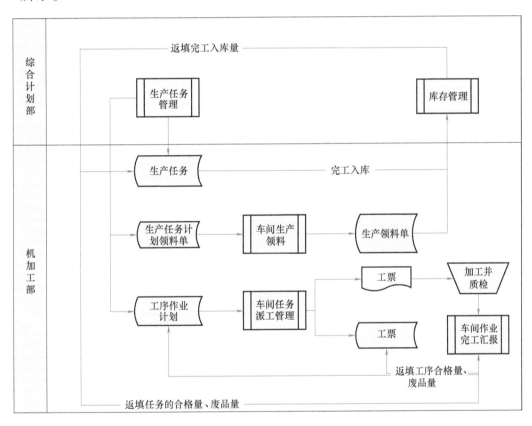

图 2-6　车间作业管理流程图

通过车间管理系统，解决了如下问题：

1）通过系统的派工和车间完工汇报功能，把每天的生产任务完成情况录入系统，计划员可以通过系统提供的查询功能及时掌握车间生产进度情况。机加工部任务可以根据车间完工汇报的情况每周下达一次，不必再通过开会沟通，可以随时通过系统查询到车间生产任务的完成情况。

2）通过系统提供的车间物料在制品账和产品在制品账管理好车间在制品数据。车间物料在制品账和产品在制品账根据车间生产领料和产品完工汇报自动产生。通过定期盘点，做到账实相符，为生产计划的编制提供准确的车间在制品数据。

4. 外协管理

机加工部工序外协业务由采供部外协业务员与外协厂商进行零件发货和收货的管理，工序外协加工的零件不经过库存的管理，外协厂家直接从车间取走零件，加工后直接送至车间现场，因此，通过系统的工序外协管理可以生成外协工序交接主账，可以通过工序交接主账查询工序外协的情况。外协管理流程如图2-7所示。

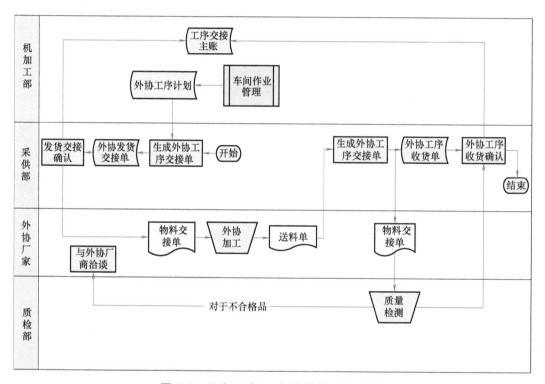

图 2-7　机加工部工序外协管理流程图

通过外协管理系统，解决了如下问题：

通过生产系统提供的工序外协管理，使得每次进行工序外协业务时，自动在应付系统中产生工序外协的应付费用，这样在成本核算时按照应付单据的金额，把外协费用分摊到相应的零件上，使得每期的成本能较真实地反映外协费用所占的成本。

2.2.4　项目实施效果

在北自所项目组与该企业项目团队的共同努力下，实现了项目预期目标，在成本控制、良率改善等方面均有提升，具体如下：

1）主需求计划、物料需求计划系统的实施，明确了管理职能；通过统一编制需求计划，提高了生产计划编制的效率和准确性，避免了人为编制时产生的差错。

2）通过修造系统的实施，对烟机的装配结构、换件清单进行了整理和细化，明晰了修理过程中各部门的管理职能。

3）生产任务、车间作业、车间统计系统的实施，明确了生产计划执行过程中的业务流程，通过对各业务节点的开工、报工等进行控制，使得相关人员可以及时监控生产进度情况，减少了人为沟通，使生产更加有序。

2.2.5 项目总结

在前期细致、全面调研的基础上，在丰富的机械加工厂实施经验和其他烟机主机厂实施经验的前提下，项目小组结合企业现状和软件标准功能为企业量身定制了一套符合企业习惯、弥补管理缺失、优化资源配置的软件系统。该阶段大修管理系统的基础系统基本全部上线完毕，加上之前上线的子系统，构成一个具有物流、工作流、信息流、财务流的完整大修管理系统，各个新上线子系统开始试运行。各部门部分业务员开始逐步摆脱原有的工作方式，以新的方式处理日常业务。各部门业务以部分业务系统内处理、部分业务系统外处理的方式进行。针对各个子系统不同业务员的操作手册也在该阶段编制完成。

基于前期试运行结果，及时修正系统存在的漏洞，及时对系统无法支持的业务流程进行程序定向开发，对过于烦琐的程序进行精简、优化。大修管理系统调试完毕后，试运行阶段结束，各个部门全部业务员开始通过大修管理系统办公，系统外运行的业务逐步通过大修管理系统进行处理。同期，为了配合大修管理系统上线，针对入库时间、检验周期、采购/生产提前期、车间报工时点、基础数据责任人等一系列考核制度孕育而生。

通过实施计划系统、生产系统、修造系统实现了预投预买、烟机配件及大修用配件的生产和采购计划，通过烟机大修管理信息系统集成开发项目系统的物料需求计划统一编制、统一考虑资源，并且实现滚动计划，使得生产计划和采购计划的数量和时间更加精细化，任务安排更加合理有序，提高了准时交货率，改变了原有手工计划粗放的编制方式。通过采购计划管理，统一计算采购物资的数量和时间，使得采购物资与生产需要相匹配，避免了原来分散采购考虑不周全造成缺料的情况。

烟机修理和配件生产业务采用烟机大修管理信息系统集成开发项目系统进行业务处理，生产任务的下达、开工、完工汇报等通过烟机大修管理信息系统集成开发项目系统进行管理，使得生产信息能够及时准确地反映在系统中，各相关部门可以实时查询生产信息，降低各部门之间的沟通成本，提高工作效率。通过生产领料单的限额领料，做到事前控制材料成本，控制随意领料的情况。

车间每日通过系统及时进行完工汇报，使综合计划部和车间负责人及时掌握生产情况，发现问题及时解决，保证生产顺利进行。通过车间在制品账实相符率的日常监控，加强机加工部和大修理部车间在制品的管理，保障车间在制品账实相符，及时暴露和处理生产过程中发生的异常情况，减少紧急缺料的情况。

通过系统自动计算换新率，提高换新率统计的工作效率和准确性，为修理烟机的预投预买计划提供合理的数据。通过生产系统把外协加工业务作为生产任务由综合计划部进行下达，采供部进行执行，使得每笔外协业务都在系统中清晰可见，每笔交接业务都自动产生应付账款。通过生产系统的实施，整理完善了企业设计、工艺等基础数据，提高了企业基础数据的规范化和标准化水平。

2.3 案例三：某车企 MES 建设方案

2.3.1 项目概述

该车企主要业务范围包括 LCD、触摸屏、柔性线路板、表面贴装、摄像头模组等。产品广泛应用于通信设备、消费电子、家用电器、办公设备、数码产品、汽车电子、工业控制、仪器仪表、智能穿戴、安防等诸多领域。

该企业作为电子装配行业的典型代表，面对不断压缩的利润空间和客户日益严苛的品质要求，深刻认识到需要通过信息化的建设，来进一步提高生产效率，提升产品质量，打造企业的核心竞争力。

2017 年 9 月，北自所联合该车企，在国家智能制造新模式应用项目资金支持下，面向摄像头模组制造工厂，大力推进 MES 系统建设，揭开车间生产信息管理的"黑箱"，助力企业提升制造管理能力，为企业智能制造转型升级、打造信息化环境下的核心竞争力奠定基础。

2.3.2 项目需求分析

摄像头模组的生产属于典型的大批量生产。电子产品更新迭代快，生命周期短，产品工艺相对固定，通常以客户需求为第一驱动，交期变更较为频繁，对产品质量追溯要求较高。基于产品特性，综合企业现状，具体需求如下：

1. 生产排程管理需求

工厂以流水线形式组织生产，不同品种产品同时生产。受到客户需求变动影响，需支持动态的生产排程管理，能够依照在制品情况滚动编制生产线计划，以最大限度满足交期。

2. 制程管理透明化需求

车间同时生产不同品种的产品，各个产品的装配工艺、质量要求、检测流程均存在差异，需要通过系统管理，规范现场操作，实时监控车间物料、人员、工艺、装备的运转情况，对产品投料上线、生产加工、完工下线、包装等各个环节进行控制和记录，从而提升作业效率，保证产品品质。

3. 产品质量追溯需求

终端主机厂发现质量异常时，需要及时获取各个装配部件的质量信息，确认溯源的范围，以便于及时召回，减小损失。这就要求电子装配企业应用 MES，对产品建立批次/单件追溯档案，记录好相关生产过程。

4. 数据采集需求

产品生产加工实时性高，测试数据累积量大。应通过条码、与设备集成等方式，自动和手工采集各类生产数据，对生产过程中的物料进行追踪，对检测的结果进行记录，为后续的追溯和分析打好基础。

5. 数据统计与报表管理需求

根据采集到的生产车间数据，自动生成报表，如进度报表、质量报表、设备运行稳定性报表；采用图表的形式根据获取的生产进度数据、质量数据、设备运行状态数据等进行图表展示，使用户直观地了解生产过程信息。

6. 系统集成需求

一方面，需要实现 MES 与 ERP、PLM、WMS 等信息化系统的集成；另一方面，需要提升与智能装配装备、智能检测装备等硬件设备的集成，减少人工操作带来的失误，提升作业效率。

2.3.3　项目总体设计

为实现预期目标，本着"总体规划、分步实施、效益驱动、重点突破"的原则，将项目实施划分为功能建设、系统集成和统计分析三个阶段。

1. 功能建设

主要实现生产建模、生产排程与调度管理、物料管理、现场作业管理、品质管理、设备管理等基础模块建设。

（1）生产建模　为了满足 MES 的运行需要，北自所协助企业对制造物料清单重新进行梳理，进一步构建车间的数字化生产模型，如图2-8所示。生产模型涵盖物料属性、生产工位、加工路径、加工方法、加工资源、定额工时、质量标准、相关约束（如最小批量）等。

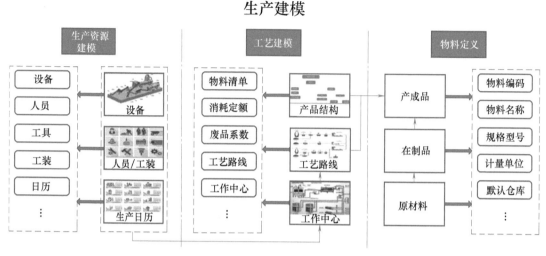

图 2-8　生产模型构建

（2）生产排程与调度管理　针对电子装配行业产品节拍快、交期短、插单频繁的特点，规划了车间—生产线联动的动态排程方式，以交期为导向，考虑在制品和产能，实现有限能力排产。同时，结合交期的变化，支持计划的滚动编制及对计划临时进行调整。

在生产线计划的基础上，编制与之配套的物料配送计划，保证物料的及时供应。排产示意图如图 2-9 所示。

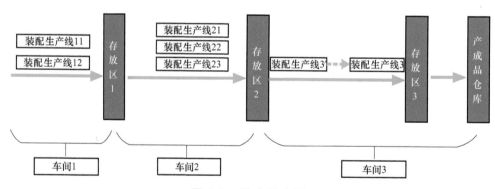

图 2-9　排产示意图

（3）物料管理　应用托盘，实现物料配送的标准化管理，并通过扫码操作完成分拣确认、交接、投料等操作的记录和准确性控制。建立物料在制和产品在制账，以便实时查看原料的投入、消耗以及产品产出情况，保证物流和信息流的同步。在制品管理示意图如图 2-10 所示。

（4）现场作业管理　主要包含如下几个方面：用户登录、生产流转过程管理、投料管理、文档管理、完工汇报、现场品质控制、生产时效性管理、条码应用、托盘管理及异常报警预警管理。

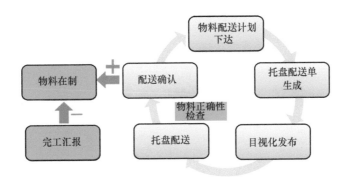

图 2-10 在制品管理示意图

（5）品质管理　应用 MES 帮助质检人员控制并完成产品的检验，形成产品单件档案，记录产品生产过程中各工序检验到产品最终检验、包装的全部过程，发现品质问题、分析故障原因、及时反馈问题，并采用必要的手段处理品质问题，从而有效地控制产品品质，提高品质管理水平。品质管理包括品质基础数据管理、品质数据采集、控制及预警、品质统计分析、追溯管理等。全过程追溯体系如图 2-11 所示。

图 2-11　全过程追溯体系

（6）设备管理　在系统中建立设备台账，并对设备的运行、报警、故障维修情况等进行记录，形成设备履历；管理设备点检、设备维修保养工作，降低设备风险；实时监控设备运行状态，并通过电子看板让车间管理人员、设备维护人员实时掌握设备的运行情况。

2. 系统集成

工艺设计人员在 PLM 系统将工艺路线、制造物料清单等维护完毕后，传递给 ERP 系统。ERP 系统连同物料数据一起，下传给 MES。当有生产任务下达时，MES 从 ERP 系统中获取生产工单，并向 ERP 系统提出领料需求，进一步开展生产，并对生产过程中的人、机、料、法、环进行全面记录和控制。生产完工后，将完工信息反馈给 ERP 系统，令工单管理形成闭环。

此外，应用中间表、SCADA 等技术，项目实现了 MES 与智能装配及检测设备的互联互通，实现防跳站控制以及测试过程的海量数据采集；减少人员操作，提升了自动化集成水平，提高了生产效率和产品一致性。

3. 统计分析

依托于 MES 运行积累的宝贵数据，项目组连同客户 IT 团队，将企业生产制造核心资源的数据进一步精细和丰富，通过看板和报表等方式进行了展现。

（1）看板管理 车间现场管理的情况复杂、多变，因此为了能够提高车间所有人员的业务协同能力，让所有人员及时了解车间生产现状，例如任务完成进度、领料情况、生产异常等，系统为各个部门所关注的看板需求提供统一定制管理平台。产品每日达成率看板如图 2-12 所示。

图 2-12　产品每日达成率看板样例

（2）报表管理 依托于报表工具，实现电子装配行业生产加工过程中记录的多个数据源关联，集中各相关业务数据于一张报表，便于管理者实时掌握企业信息，及时进行业务管控和管理改善。项目形成了生产达成率、工站良率、在制品（WIP）等多张管理报表，如图 2-13 所示，体现了工业互联、大数据的价值。

机种	工单	车间	生产线	总批次	未开工具	WIP					完工批次	批次完工率
						批次	件数	超24小时	超48小时	超72小时		
	100000242771	CAM3-COB前段	COB line5									
		CAM3-COB后段	EOL line5									
	100000245307	CAM3-COB后段	EOL line5									
		CAM3-SMT	SMT line5									
	100000245691	CAM3-COB前段	COB line5									
		CAM3-COB后段	EOL line5									
	100000246348	CAM3-COB后段	EOL line5									
	100000246881	CAM3-COB后段	EOL line5									
	100000247691	CAM3-COB后段	EOL line5									
		CAM3-SMT	SMT line5									
	100000248141	CAM3-COB前段	COB line5									
		CAM3-COB后段	EOL line5									
		CAM3-COB后段	EOL line7									
		CAM3-SMT	SMT line5									
	合计											

WIP生产管理报表

图 2-13　WIP 报表样例

2.3.4　项目实施效果

在北自所项目组与车企项目团队的共同努力下，实现了项目预期目标，在成本控制、良率改善等方面均有提升，具体指标如下：

1）企业生产效率提高 37.5%。通过 MES 提高计划排产的有效性，降低了生产准备周期，并通过与自动化设备的集成，大大提升了生产效率。

2）产品不良率降低 76%。系统的应用确保了能实时掌控生产过程中的工艺参数，做到提前预防、及时报警，减少人工干预，大幅减少了各个工艺阶段产生的不良品数量，不良率由 30% 降低到 7.2%。

3）企业运营成本降低 26.9%。MES 实施之后，每班次减少人员 15 人，人员成本由占总成本的 7.3% 降低到了 5.2%，耗材成本由占总成本的 7.2% 降低到了 5.6%，能耗成本由占总成本的 1.1% 降低到了 0.6%。

2.3.5 项目总结

在北自所项目组与车企团队通力合作下，MES 项目顺利完成建设，帮助企业实现了车间生产流程实时数据采集与可视化、车间管理和控制的透明化，为企业提升制造管理能力、优化企业综合实力提供了助力，为企业智能制造转型升级、打造信息化环境下的核心竞争力奠定了基础。MES 项目的成功实施，让客户通过信息化、智能化建设深刻体会到了切实增长的经济效益，这充分体现了北自所秉承的"提供增值服务，提升客户效益"的服务理念。此外，MES 的实施应用保证了客户的生产能力和信息化水平处于行业领先地位，赢得了客户的认可。

2.4 案例四：某医药制造工厂智能制造系统建设方案

2.4.1 项目概述

该客户是我国中药现代化的标志性企业，公司拥有通过 GMP、ISO 9001、ISO 14001、OHSAS 18000、ISO 10012 和澳大利亚 TGA 认证的生产车间，以及满足 2005 年国家实验室能力认可资质要求的实验室，是当前国内最大的滴丸剂型生产企业。

在国内制药行业快速发展、国际市场销售空间逐步提升的局面下，公司积极探索和实践医药行业智能制造新模式，通过导入先进的制造执行系统，优化车间作业计划、物料管控、品质管控和设备管控的业务流程和手段，建立管理层与执行层之间的信息通道；提高各生产工序间的协作能力，提升作业效率，控制物耗成本，提升品质控制能力。

2.4.2 项目需求分析

1. 生产排产与调度

1）优化生产计划和生产过程管理，提升车间生产管理水平。

2）优化车间计划的排程方式，提高产能的透明度，进行有限能力排产，实现按计划组织生产，提高交付的可能性。

3）统一编制生产线产品的产出计划，统一协调资源，提高计划的准确性和可执行性，响应变化的灵活性更高，以提高生产计划与车间实际执行的一致性，提升过程控制能力。

2. 车间物料管理

有效管控车间物料流转，保证物流和信息流一致，防差错、防混淆。

3. 现场作业管理

通过 MES 提高各业务部门协作能力，提升管理效率。

1）搭建 MES，使企业现场控制层与管理层之间信息互通；提高各业务部门的协作能力，提升管理效率。

2）通过与扫码设备和 SCADA 系统的集成，提高生产数据采集的准确性、及时性和方便性，迅速掌握生产实情，提升生产防错能力和异常情况的响应速度。

3）收集生产过程中各项生产信息，实现电子批次记录。MES 自动生成电子批次记录，实现对产品生产过程的工艺参数、异常处理情况及操作人员的实时跟踪记录，方便将来的历史追踪，实时如实记录生产操作的全过程。

4）对生产过程中的各种要素进行跟踪，包括物料的跟踪、人员的跟踪和设备的跟踪等。

4. 质量管理

建立涵盖生产全过程的质量追溯体系，实现物料可追溯、过程可追溯。

1）通过生产过程的质量管控，有效防止混淆、差错等，提高产品合格率。

2）通过电子批次记录，对遇到的质量问题进行快速定位，直接定位产品的人、机、料、法、环、测等信息，从而更容易地分析质量问题，改善产品质量。

3）符合电子记录和电子签名的法规要求，以确保电子数据的有效性和可靠性。

4）实现审计追踪功能，支持管理人员在系统中查阅相关信息的修改历史。

5. 设备管理

1）实现覆盖工艺设备的 5M 管理，在系统中建立设备台账、维修保养记录，监控设备状态，为生产提供保障。

2）维护设备台账，并实时监控设备状态，为车间排产提供决策依据。

3）记录设备点检、日常保养、设备故障等信息，统计分析设备运行指标。

4）通过与 SCADA 系统集成，实现设备运行业务管理和监控。

2.4.3 总体设计情况

MES 的有效应用能够实现企业内部业务的纵向集成与水平集成。MES 能够打通管理经营层、生产层和控制层，把客户订单转变成生产指令，下发给每个生产单元，并对每个生产单元进行监控，反馈给管理层，实现企业经营、生产、控制层之间的纵向集成。MES 能够实现车间生产执行过程中产品、工艺、计划、物料、质量、设备等全生产业务过程集成，全面管理生产过程中的人、机、料、法、环、测等要素。按照公司的实际需求，MES 主要包括数据建模、计划管理、车间物料管理、现场作业管理、质量管理、设备管理等业务。MES 总体解决方案如图 2-14 所示。

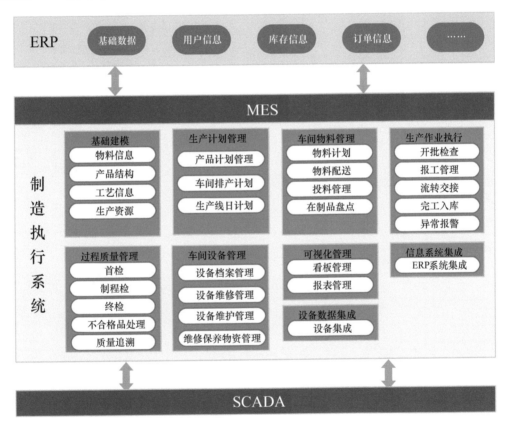

图 2-14 MES 总体解决方案

2.4.4 项目实施效果

通过 MES 的实施，切实完成了企业希望达成的目标，实现了减负增效的效果，具体指标如下：

1）企业生产效率提高 33%。由于计划排产由系统进行，缩短了生产准备周期，排产时间减少 2 天；同时增加了有效生产时间，生产周期减少 4 天；单位小时产出量提高了 30%，年收益提高 3000 余万元。

2）企业运营成本降低 24%。MES 实施之后，由于减少了现场工作人员的工作量，单班次人员配置减少 18%；同时，由于连续生产模式，每公斤滴丸人工成本大幅降低。企业每年降低人工费用超过 100 万元。

3）产品不良率降低 33%。由于生产涉及的所有物料均按照配方严格进行管控，同时由于生产过程中的工艺参数可实时掌控，在提高成品率的同时使得产品不良率降低。

4）单位产值能耗降低 25%。由于不良率下降，降低了再制/补制出现的概率，从而从整体上减少了原有因再制/补制而造成的生产能耗。

2.4.5　项目总结

在北自所项目组与公司项目团队的精诚协作下，MES 项目帮助企业建立了一套高效的生产管理信息平台，使企业现场执行层与管理层之间信息互通，提高了各生产部门的协同办公能力，提升了生产效率，实现了车间管理和控制的透明化，降低了企业运营成本、产品不良率以及单位产值能耗。同时 MES 符合国家 GMP 法规要求，并通过了计算机化系统验证，赢得了客户的认可，并最终顺利通过国家智能制造新模式项目验收。

北自所作为制造业企业管理信息化解决方案提供商，对制造业企业有深度了解。身为首批两化融合管理体系贯标咨询服务机构、智能制造工作委员会的主任单位，北自所在智能制造工作方面始终具有巨大优势，并一直处于行业领先地位，能够根据制造业企业现状和发展需求，进行个性化的整体规划和精准化的分步实施，力求帮助制造业企业更好地完成智能制造升级。

2.5　案例五：电动汽车节能空调智能工厂规划设计

2.5.1　项目概述

节能空调是新能源汽车的核心零部件。随着节能减排要求的提高，节能空调的销售呈现爆发性增长态势。空调系统的主要零部件如图 2-15 所示。

该公司抓住电子智能化、绿色节能工程新材料快速发展的机遇，以空气调节装置、车载换热器为基础，发展多温区空调、前端模块等，拓展低温散热器、冷却器、热泵型空调系统、电动汽车热系统等业务，不断推进产品平台化、模块化、智能化发展。

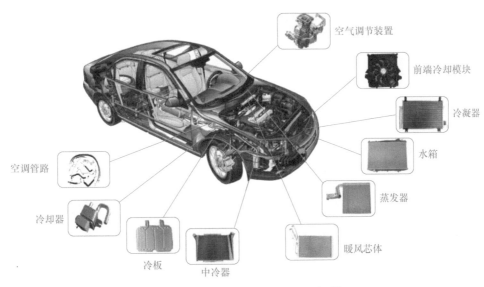

空气调节装置

前端冷却模块

冷凝器

水箱

空调管路

冷却器

蒸发器

冷板

中冷器

暖风芯体

图 2-15 空调系统的主要零部件

公司自 2015 年进行智能工厂策划、建设,一方面通过对原有生产线进行智能化改造提升生产效率,另一方面通过新建高端智能化生产线,购置焊接机器人、视觉检测防错系统、电子标签及条码采集系统、柔性装配装备、高速翅片成形设备、汽车空调系统柔性装配线、AGV,与 MES、PLM、ERP 系统进行高效协同与集成等,实现空调系统从产品设计、制造、检测到仓储物流等全生命周期的智能化,形成年产 200 万套节能空调系统的生产能力。产品服务于上汽、东风、日产、江淮、奇瑞等客户,市场前景良好。

2.5.2 项目需求分析

该企业智能工厂将实现公司信息系统之间的协同、系统与设备间的集成、设备与设备间的互联互通、数据的采集,再结合工业大数据技术手段,充分整合来自研发、工程、生产部门的数据,优化生产流程,确保企业内的所有部门以相同的数据协同工作,从而提升组织的运营效率,缩短产品的研发与上市时间。同时可以利用公司的大数据平台获取外部产业链的数据,实时收集更多准确的运作与绩效数据,实时跟踪产品库存和销售价格,并且准确地预测未来一段时间的需求,从而运用数据分析得到更好的决策来优化供应链。

该企业智能工厂规划设计方案从智能设计、智能经营、智能生产、智能决策四个方面发力,助力生产实现数字化、网络化、集成化、智能化,最终建成车用热管理科技领域的智能工厂。具体体现在以下几个方面:

1) 以 CAD、CAM、CAPP、PLM 为核心,构建基于模型的产品设计、工艺设计、仿真制造和产品全生命周期管理系统，实现产品研发设计智能化。

2）以 ERP、SRM、CRM 为核心的经营管理智能化，构建企业资源计划、客户关系管理、供应商关系管理协同平台，实现公司经营管理全业务链数字化转型。

3）以 MES、WMS、DNC、SCADA 和智能装备为核心的制造运营智能化，建设制造执行系统、智能物流系统、智能监控系统、智能生产装备，实现对复杂生产业务的数字化、可视化、智能化管理。

4）以智能决策平台为核心的决策支持智能化，建设智能决策系统，构建大数据分析决策平台，实现对公司智能制造过程中产生的海量数据进行挖掘、统计、分析，对研发设计、经营管理、制造运营等业务决策进行有效支撑。

2.5.3 项目总体设计

该项目由客户智能制造项目团队策划、筹资及组织验收，由北京机械工业自动化研究所有限公司负责智能工厂整体规划设计。企业的智能工厂建设总体规划从智能设计、智能经营、智能生产、智能决策等方面开展，在各方面总体规划设计内容如下：

1. 智能设计

实施以项目管理主导的产品、工艺、仿真和质量检验策划为一体的智能设计系统，建立研发体系、工艺体系，实现 PLM 与 ERP 系统的数据集成。

PLM 设计和工艺 BOM 数据直接发布至 ERP 系统，设计工艺人员亦可从 PLM 系统直接读取相关产品物料的 ERP 库存、价格等有效信息，实现了两大系统的数据互通。在此基础上，进一步实现 PLM 和 ERP、MES 等系统的深度集成。PLM 系统框架如图 2-16 所示。

引入数字化产品设计系统，实现工业产品的快速数字化设计。系统根据各种技术要求、设计说明、材料信息以及各结构之间的相对位置，利用运动学、动力学、虚拟装配等设计、分析、验证、模拟仿真的技术，对所要进行设计的零件进行仿真和分析，使其能够满足设计需求，并在此基础上实现产品数字化三维设计。同时，根据装备及工艺要求，利用 CAE、CAPP 等相关技术，进行产品工艺的设计、仿真及优化。利用 CAM、CAE 等产品虚拟加工及仿真技术，实现产品虚拟制造及智能管控，最终搭建集产品数字化三维设计、工艺智能化仿真及优化、产品虚拟加工、智能管控及数字化作业指导为一体的数字化产品设计系统。根据数字化产品设计系统模型设计，数字化产品设计系统主要功能模块组成如下：

（1）产品设计模块化、快速化、参数化 实现 CAD 与 PLM 系统集成，设计人员将产品 CAD 设计图样等数据直接上传至 PLM 系统并与其产品物料相关联，实现物料的电子化签审和产品参数化、模块化集中管理；有效管控了零部件的重用、借用和产品的架构，实现了产品设计物料清单的快速搭建。

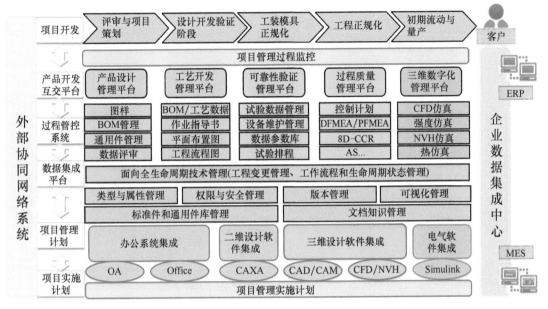

图 2-16 以项目管理主导的产品生命周期管理系统框架

（2）工艺设计一体化 企业正在逐步推进设计物料清单等数据在 PLM 系统中直接转化为制造物料清单等工艺数据，实现产品的设计工艺一体化；工艺数据可以从设计数据直接转化，实现了设计变更和工艺变更的智能联动。

（3）三维仿真试验软件系统 根据汽车空调系统的产品特性，要求其在产品耐用性和可靠性方面达到较高的技术要求，因此在设计阶段往往采取样件试验的方法。整个试验过程较长，往往因为很小的缺陷重新制作样件，效率较低。利用 CAE 有限元分析软件对产品进行分析，然后对产品进行轻量化和优化分析，模拟疲劳试验，可有效缩短空调器零部件的试验周期。

2. 智能经营

企业以 ERP 系统为核心，以客户关系管理（CRM）系统、供应商关系管理（SRM）系统为支撑组成智能工厂经营体系，基于 ERP 系统实现在企业财务、物流、生产等方面的全面应用，并根据汽车零部件企业的特点建立 CRM、SRM 系统，进一步实现对客户、供应商切实有效的管理。

开展和深化 ERP 系统的应用，使用 ERP 自动生成生产计划和采购计划，并对流程进行控制，实现企业核心业务流程的贯通，提升流程的效率和规范性，加强产、供、销、人、财、物等企业资源管理效率。实施总账应收管理、应付管理、采购管理、委外管理、质量管理、库存管理、存货核算管理、生产管理、供应商协同平台管理等模块的应用，实现根据财务资金现状可以追溯资金的来龙去脉，加强了财务对业务的事前计划、事中监控与事后追溯能力。

实施 CRM、SRM 系统，实现客户关系管理和供应商关系管理的信息化，提升供应链效率。实现 MES 与 ERP 系统的集成，确保 ERP 与 MES 系统的信息交互，实现经营生产一体化。通过手机小程序和网络技术开展售后服务的智能化应用，提升售后服务作业管理和备件管理水平，提升客户满意度。

通过不断的升级优化，以统一的数据库和信息技术架构实现生产、财务、采购等部门的信息无缝集成，推动物流、资金流、信息流、责任流四流合一的实现。主要体现在以下几个方面：

（1）全价值链成本一体化的应用　实施 ERP 系统出入库跟踪、批次、订单关联等功能，实现了物料的可跟踪性，有效控制采购、库存成本。从订单、到货验收、入库、生成、出库，到财务处理，实现单据可追踪性，可随时掌控物料动向，把控物流、资金流的动向。总账处理流程如图 2-17 所示。

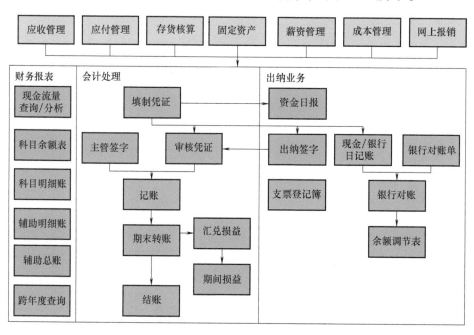

图 2-17　总账处理流程

（2）供应商协同平台的应用　通过供应商协同平台（见图 2-18），供应商能及时看到自己的周期物料需求计划。采购订单通过 ERP 发布后，供应商能及时反馈订单信息，反馈订单物料的排产、库存状况，实现数据的及时沟通，提高数据的透明度。通过平台 ASN（Advanced Shipping Note，预先发货清单）管理，货到后根据订单号、ASN 单号做收货处理，可有效、规范管理物料，规避仓库物料堆压、成本增加等问题。通过在线开票平台，供应商发票可直接传递到 ERP 系统，票到后只需生成正式发票就可以传递到财务部门，大大节约了企业录入发票时间，缩短了企业与供应商之间的对账时间。

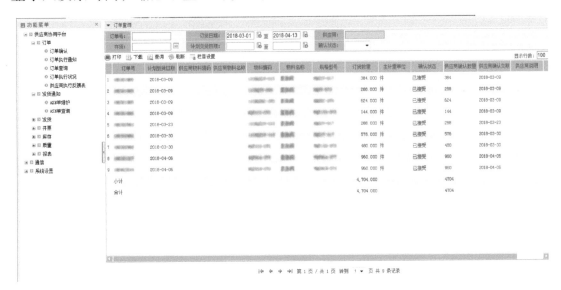

图 2-18　供应商协同平台

（3）生产协同应用　企业的主生产计划以双周滚动方式下达，在通过 LRP（批次需求计划）系统运算后，供应商通过供应商协同平台接收供货计划，以此作为供应来源。通过滚动计划指导企业生产、采购，缩短计划周期，提高计划的均衡性，减小需求预测偏差，降低供应链"牛鞭效应"。根据生产订单进行材料出库、成品入库，可有效控制库存资金成本。生产协同流程如图 2-19 所示。

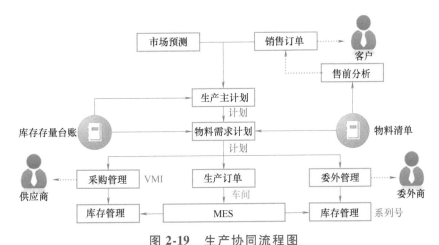

图 2-19　生产协同流程图

3. 智能生产

企业实施 MES，优化车间作业排程，实施精准配送，推动持续改善，降低生产等待和浪费，实现生产进度、人员效率、物料消耗、设备动态、质量等生产过程数据采集，实现车间可视化、柔性化、精益化管理；保证自动化生产线正常运行，提升各工艺环节自动化水平，降低产品质量对员工技能水平的依赖；开发以二维码、RFID 技术手段为核心的物料管理系统，实现物料的精准定位，提高物流管理水平。

　　智能工厂通过 ERP 系统将客户的市场需求自动汇总成主计划，通过 MES 和数控机床、工业机器人、装配检测装备和智能仓储物流的集成，进行智能排程。MES 根据产品型号、市场需求、生产线实际节拍、排产情况等信息进行相应的计划排产。MES 和仓储物流的集成实现了物料实时追踪和预警，将物料信息通过信息物理系统服务平台与 ERP 的供应商管理系统进行信息共享。PLM 将产品的工艺路线、参数等信息通过信息物理系统服务平台与 MES 进行互通，进行换型、物料、工艺等生产准备。通过系统集成，打通空调系统产品制造从计划层、控制层到设备层的数据链，实现制造全流程资源要素信息交互，设备、物料、人员等资源通过现场网络进行动态配置，实现工厂的智能生产。智能生产架构体系如图 2-20 所示。

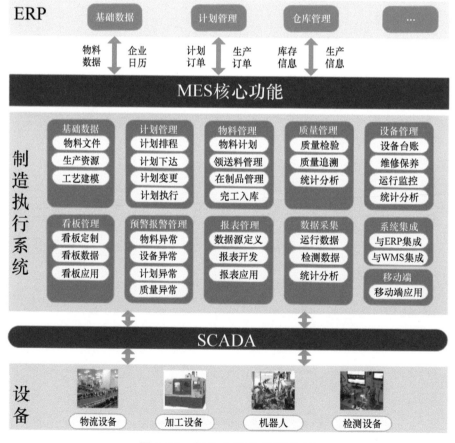

图 2-20　智能生产体系架构图

（1）柔性生产线 生产线作为企业的核心资产不但要具备专用性来最大程度地满足产能需求和降低投入，另外还需要保持一定的柔性满足类似产品的加工装配。空调系统的主要结构如图 2-21 所示。

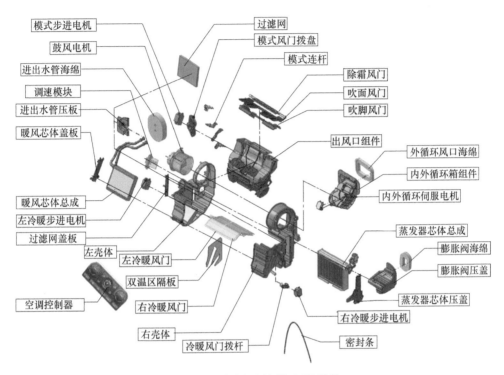

图 2-21 空调系统的主要结构

根据空调系统核心部件结构和工艺要求，智能工厂采用零件入厂检验→物料配送→零部件加工→装配检测→成品入库→发货运输的工艺路线，如图 2-22 所示。空调系统的加工及装配过程中，实现了工艺装备智能化、在线检测实时化和物流转运自动化，体现了智能制造的精髓。

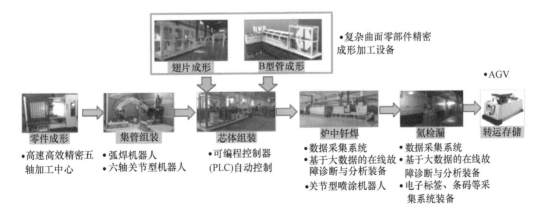

图 2-22 换热器加工工艺流程及设备

换热器是空调系统关键零部件，加工过程采用高速高效精密五轴加工中心、高精度数控冲床、弧焊机器人、全自动装配机、自动连续氮气保护钎焊炉、在线测量机器人、真空氦检漏仪等设备，来满足装配精度要求，提升了装配效率，降低了产品制造成本，提升了产品竞争力，满足了客户交期和成本要求。

（2）生产计划管理　通过生产计划管理实现销售、采购、生产等业务间的协同，计划、物料、设备等生产业务间的协同，各车间生产线工序间的协同，以最大限度地提高生产效率，降低生产制造成本。业务流程如图2-23所示。

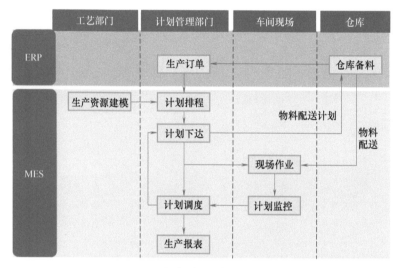

图 2-23　生产计划管理业务流程

根据产品生产计划，进一步编制生产线班次日计划。生产线日计划按日、班次、生产线编制。生产线日计划的编制过程需要考虑生产线产品标准产量、各生产线工位设备能力、设备维修保养计划、工艺新产品试制产能占用、返工返修产能占用等因素。

计划下达后，车间调度可以根据车间实际生产情况，对计划进行调整。

通过电子看板，监控已经下达给各车间的生产订单的执行情况和相关生产异常事件，包括：生产完工进度报表、工位产出报表、计划完成率报表、计划拖期报表、产值统计表（各生产线、各车间）、工时统计表、工废及料废列表。

（3）车间物料管理　计划部门计划员在 MES 中编制完成生产线日计划并下达后，系统根据工位物料清单，编制与生产线日计划相配套的车间物料配送计划。经计划部门物控员确认后，系统生成领料计划和生产线物料配送计划，领料计划用以指导生产领料，生产线物料配送计划用以指导生产线工位物料配送。物料配送计划明确配送物料的种类、时间、数量以及送达的生产线工位等信息。

根据生产线日计划生成物料配送计划，经物控员确认下达后分别生成面向线边仓领料的生产领料计划和面向车间送料的生产线物料配送计划,用以指导备料和领送料。细化生产领送料管理,根据生产领料计划,采用限额领料。

车间在制品管理建立车间物料在制品账,如图2-24所示,其中包含生产线工位线上物料在制品、生产线工位线下物料在制品。通过系统建立车间物料在制品账、车间产品在制品账以及生产线工位在制品账,监控车间生产领用、车间物料消耗、车间完工、产品入库等信息,使得生产管理人员能够及时获得车间的期初量、领料量、消耗

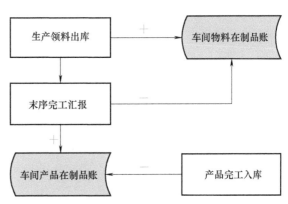

图2-24　车间物料在制品冲销示意图

量、投入量、产出量、结存量等信息。对于关键物料,可建立生产线工位物料在制品看板进行监控,实时反馈当前工位物料在制品情况。

(4)质量管理　实施MES管理生产过程中的质量检测并记录质量信息,发现和提示质量异常,处理不合格品,并对质检数据进行统计分析,形成完整的质量档案,从而有效地控制产品质量。检验过程包括来料检验、制程检验和产品终检,系统通过首检、过程检、终检等方式控制和约束生产过程。按检验责任人分,质检方式有自检、互检、专检;按检验数量分,质检方式有抽检、全检。质量检测数据采集的方式有手动录入和自动采集两种方式:对于使用自动化检测设备监测,且设备接口开放的检测数据,MES可以自动获取;对于设备接口不开放或者不能用设备检测获取到的品质数据,使用人机交互的方式录入MES。质量管理业务流程如图2-25所示。

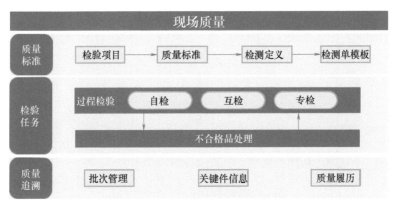

图2-25　质量管理业务流程

在质量检验之前要维护检验标准,主要包括:质量原因、质量缺陷部位、

检测单模板、工位检测定义等信息。待检验件流转到检验工位时，检验人员扫描二维码后，录入检测信息。检验人员在进行检验时，如果发现不合格品，则对不合格品批次进行记录。如果本次检验存在不合格品，则由检查人员发起不合格品处理流程，实现不合格品的记录及反馈，记录其批次号、单件号、物料信息、缺陷部位、缺陷内容、各部门质量反馈意见等信息。

对生产过程品质检测的数据进行统计和分析，在过程质量管理系统中，可以方便地统计、查询工序的一次交验合格率，以及统计、查询生产线的合格率、废品数、废品率等。分析结果可对生产部门、供应商、操作工等维度进行评价，作为相应的考核依据。

（5）追溯管理　产品全过程的质量信息最终集成至质量履历中，包括产品生产过程中人、机、料、法、环、测等一系列信息：

1）人员：在产品生产过程中每道工序操作人员的信息。

2）设备：在产品生产过程中用到的设备、刀模具及其参数等信息。

3）物料：领料单记录的各原材料的批次、规格、型号等信息。

4）工艺：记录产品生产过程中使用的工艺文件。

5）环境：记录产品生产过程中的环境参数，包括温度、湿度等。

6）检测：产品生产过程中的质检信息，具体包括检验人员、检验方式、检验结果、质量缺陷处理记录等。

基于产品质量履历，可以进行产品质量问题的正向和逆向追溯。逆向追溯由不良品（订单号/序列号）反向追溯到问题点，展开每个生产环境的人、机、料、法、环、测当时的生产数据。正向追溯由问题点正向追溯到全部的批次产品，可以查出在同样生产环境下总共生产出哪些产品，可以作为召回的数据源。

（6）设备管理　设备管理的范围包括主要生产设备和关键检测设备等，设备管理对设备的种类、品牌、规格、型号、技术参数、用途、功能、编号、生产厂家、生产时间、设备价格等信息进行统计、管理，同时对每个设备保养的周期、保养部位、保养用料等要求分别进行管理，作为后续保养计划的依据。

通过数据采集系统的连接，可以实现设备的在线监控，保存设备运行记录，包括设备开机时间、关机时间、设备运行中的关键参数；对于设备的使用单位、责任人、安装地点等信息根据实际业务进行变更管理，保证设备档案的真实性。设备发生故障后，可以由设备负责人在工位机填写故障保修单，进行设备预警；故障处理完成后，可对故障的原因、处理措施、处理工时等进行记录，作为故障统计和维修成本分析的依据。可以根据保养规则（起始点、周期）生成年度或季度计划，监控各个维修项的状态，包括：计划、报警、执行中、完成，可用颜色标示或提醒。

MES 通过数据采集，可进行设备运行状态监控、数据统计、分析等业务。MES 通过与 DCS/SCADA 进行系统集成，采集设备状态和环境参数等，车间管理人员可在看板上实时看到设备的运行状态。

从多个维度对设备进行分析，帮助设备管理人员分析设备管理问题，获取真实的设备管理绩效。可以对设备运行效率、设备利用率、设备开机率、设备稼动率等数据进行分析。设备管理体系架构如图 2-26 所示。

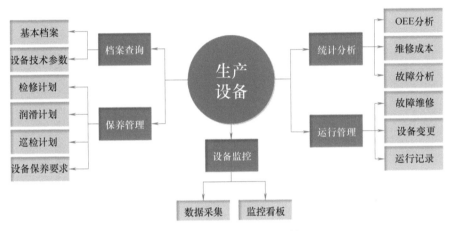

图 2-26　设备管理体系架构图

（7）异常管理　制造执行系统要对生产过程中的设备状态异常、物料缺料、质量问题等情况进行自动预警、报警处理，同时可利用现场工位机实现人工紧急异常汇报。

对生产预警、报警进行分级管理，预警报警产生后，将信息推送至相关的负责人处理。预警报警信息的处理要形成闭环机制，要求责任人在限定时间给出解决方案并进行处理，对生产现场预警报警信息用电子看板的形式进行目视化展示，督促问题处理。异常管理体系架构如图 2-27 所示。

4. 智能决策

在智能工厂的环境下，将产生大量的产品技术数据、生产经营数据、生产过程数据、设备运维数据。建立智能决策系统，可实时采集企业经营数据、生产数据、设备数据、质量数据、产品运行数据，进行数据的抽取、清洗、转换、装载，进行数据建模和分析，为企业提供决策数据；在质量管理、生产管理、在线服务等方面加强大数据的应用，提高产品质量、生产效率和服务水平（见图 2-28）。

智能决策系统的决策支持模型应支持研发设计、经营管理、制造运营等业务场景，形成智能决策全景图，支持公司全层级、全业务、全方位的智能分析；确保自下而上数据真实传递，支撑公司经营业绩"全面展现、全面监控、全面分析、全面协同"，辅助高层决策层全面、清晰地掌握经营管理数据。基于大数据的智能决策系统在全价值链分析的基础上，规划各个业务场景的核心价值点、目标和决策服务方式，并通过建立科学的业务目标的分解、跟踪、反馈、评估以及考核体系，实现业务规划的闭环化，推进业务目标和战略目标的高度协同。

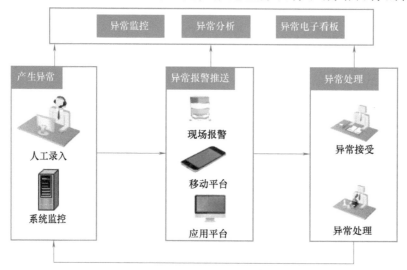

图 2-27 异常管理体系架构图

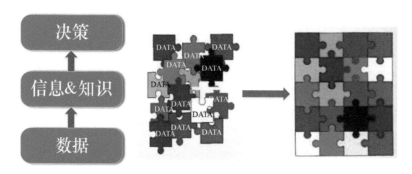

图 2-28 智能决策示意图

智能决策系统可与智能工厂内部的 PLM、ERP、MES、WMS、DNC、SCADA、视频、流媒体进行集成，实时获取生产过程的进度信息、物料配送情况、产品质量信息、在制品数量、设备运行状态、异常信息、视频监控等关键的生产相关的人机料法环测等要素信息；在实现业务数字化的基础上，采集业务数据信息，通过数据提取、清洗和转换，建立符合多维数据规则的数据仓库，实现关键指标即时查询、上卷下钻、综合报表的动态生成和展现；最终运用大数据和人工智能技术，建立基于全价值链的应用场景，实现全域业务的智能监控和预测，如图 2-29 所示。

基于产品生产过程全周期、全要素数据支撑，构建业务可视化平台，清晰、明确地展示各业务数据，并通过远程会议系统、数字广播系统、单兵系统等实现指挥中心对现场的指挥调度，协同各业务部门协调一致地完成生产业务组织活动和异常处理。基于态势分析工具、应急预案资源库、大数据分析决策平台等系统的应用，实现指挥决策支持。通过智能指挥系统能够提高车间内部各岗位信息的共享，提高车间生产过程控制能力，保障生产有序运转。

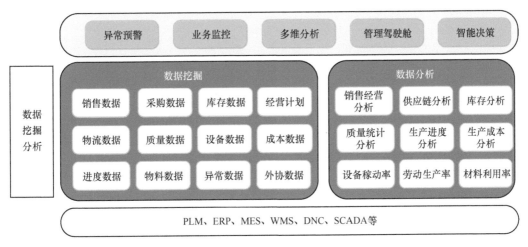

图 2-29 智能决策系统全价值链的应用场景

2.5.4 项目实施效果

计划分三个阶段将企业逐步建成从研发设计、经营管理到制造运营、智能决策全价值链实现数字化、网络化、智能化管理的智能工厂，具体建设路线如图 2-30 所示。

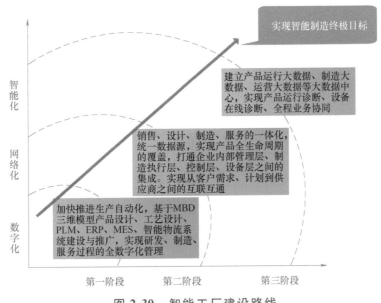

图 2-30 智能工厂建设路线

2.5.5 项目总结

北自所助力企业梳理了数字化、网络化、集成化、智能化的建设思路和路径。借助电动汽车空调智能工厂规划设计，各级管理人员对数字化、网络化、集成化、智能化的理解更加深刻，建立了信息化与工业化融合管理的发展理念。

北自所作为资深离散制造业企业管理信息化解决方案提供商，对制造业企业有深度了解。身为首批两化融合管理体系贯标咨询服务机构、智能制造工作委员会的主任单位，北自所在智能制造工作方面具有巨大优势，能够精准地根据制造业企业实际的现状和发展需求，进行个性化的整体规划和精准化的分步实施，力求帮助制造业企业更好地完成智能制造升级。

2.6 案例六：面向轨道交通行业的系统集成解决方案

2.6.1 项目概述

该企业具有机械传动装置集成系统、道岔集成系统、风源集成系统三个专业化研发生产基地。公司现有员工1700余名，厂区面积54万 m^2。

公司通过投入近10亿元进行大规模技术改造，大型数控加工中心、热处理生产线、三坐标测量机等一系列产品制造、检测试验装备都已达到国际先进水平。目前公司各类设备总数已达到943台，完全具备制造高精度、多规格机械产品的能力。公司还拥有先进的压缩机全性能检测试验系统和燃油电喷试验系统。

随着业务的快速增长以及市场竞争的日趋激烈，企业目前的管理信息系统已不能满足企业发展的需要。同时，为了响应集团企业信息化发展战略规划的要求，希望应用先进的 ERP 系统，进一步优化组织机构、管理模式、业务流程，构建统一的财务业务一体化平台，实现信息共享和资源整合。

2.6.2 项目需求分析

1. 技术管理

企业的技术管理工作涉及科技管理处、风电传动研究所、轨道传动研究所、工矿传动研究所、风源系统研究所、工艺技术研究所以及各分厂技术组。

结合企业技术管理的现状和项目实施的目标，在以下方面需要进一步改善，见表2-1。

表 2-1 技术管理

业务描述	问题分析
物料编码管理	1) 物料编码不统一,给营销部门、物资管理部门和生产单位完成相关业务增加额外的编码查找工作量 2) 设计系统编码体系和现有系统物料编码都没有覆盖生产过程中涉及的所有物料。设计系统编码体系没有标准件和原材料编码,自制半成品没有办理入库,现有系统没有相应的物料编码 3) 现有系统新增产品编码在各分厂交库前才提出申请。按此方式,生产计划和生产管理将无法通过系统进行管理
定额管理	1) 目前由工艺部门编制工艺定额,物资管理部参考工艺定额给出供应定额。材料定额不准确,工艺部门无法提供材料损耗数据,后续领料和采购不能严格执行定额标准 2) 工艺过程卡中没有工艺定额。目前由各分厂上报产品定额工时,人力资源部核定,主要用于发放工资,跟各分厂的实际情况有较大差距,也无法利用其进行能力平衡
工艺管理	工艺管理混乱造成生产过程中的质量问题重复出现。各分厂生产实际使用的工艺路线和工艺过程卡不一致,一种产品同时有多个版本的可用工艺路线。也存在分厂工艺人员进行工艺文件修改后未经审批直接用于生产的情况,增加了质量问题发生的可能性
设计变更和工艺变更	1) 发生设计变更和工艺变更时,设计部门和工艺部门只下达变更通知单,涉及的产品明细表和相关工艺技术文件没有及时更新和回收 2) 产品明细表未及时更新造成采购物料和设计文件对不上,影响生产进度;工艺文件未及时更新,车间使用原工艺文件进行生产,造成生产的产品不合格甚至造成废品
系统应用	1) 企业已经实施了 PLM 系统,但是系统中目前只有极少数产品的设计 BOM 数据,没有可用的制造 BOM 2) 已经实施了 CAXA 系统,工艺管理方面目前仅仅使用了 CAXA 工艺图表功能编制工艺卡片,系统应用不深入、不全面

2. 营销管理

企业的营销业务目前由三个部门执行,分别为营销一部、营销二部、工矿传动事业部,通过产品市场进行划分。

结合企业营销管理的现状和本次项目实施的目标,营销管理在以下方面需要进一步改善,见表 2-2。

表 2-2 营销管理

业务描述	问题分析
主机厂销售预测	销售人员主要通过电话、铁道部等相关渠道获取信息,造成预测信息不准
订单跟踪及技术支持	1) 对已签订的销售订单,缺少对客户需求变更的跟踪和关注 2) 技术部门对营销部门的技术支持不够,针对技术变更不能及时合理地制定应对措施和传递至生产部门
产销沟通	由于目前缺少信息化手段,营销部门和生产安全部之间的信息主要通过生产平衡会和临时增产通知单、成品交库票等单据来交互。不利于信息准确及时的反映,从而很难及时向客户反馈订单进度,以及快速响应客户需求的变更
市场需求计划编制	营销部门在编制需求计划过程中,综合考虑了库存数量、生产能力、生产批量等因素,而这些影响因素应由生产安全部在编制生产计划时进行统筹考虑,营销部门提前考虑会放大需求

（续）

业务描述	问题分析
售后备件发送及返厂维修	1）目前售后服务人员存在依据《售后服务指令卡》直接从车间领用备件发送给客户的情况，未办理入出库手续 2）待修产品返厂、维修时未办理入出库手续，维修完成后才办理入库，造成返厂物资在厂内维修期间的物流信息缺失
合同评审	成熟产品合同交货期未经生产安全部确认，订单交货期存在风险
售后质量分析	目前售后服务部门未对发生的产品售后质量问题组织质量分析，未深入分析工艺、生产环节对质量问题产生的影响。三包期内的产品质量问题对产品改善没有起到指导作用

3. 采购管理

结合企业采购管理的现状和本次项目实施的目标，采购管理在以下方面需要进一步改善，见表 2-3。

表 2-3　采购管理

业务描述	问题分析
供应商供货环境	1）采购发票、外协加工费用发票等不能及时返厂，给账务处理和成本核算带来困难 2）供货产品不能保证及时到货，影响生产部门按计划组织生产 3）供应原材料质量存在隐患，影响最终产品质量
采购计划编制	1）因资金紧缺，采购物资未组织安全库存管理，无安全库存保障 2）生产物资主要参考生产安全部的滚动生产计划进行相应采购，滚动计划不准确，对采购的指导作用不强，采购回的物资可能与后续生产所需物资不匹配 3）采购计划未根据生产计划的变更而调整，衔接性较差

4. 库存管理

结合企业库存管理的现状和本次项目实施的目标，库存管理在以下方面需要进一步改善，见表 2-4。

表 2-4　库存管理

业务描述	问题分析
系统账实不符	1. 系统账和手工账并行 目前仓库同时使用手工账和系统账进行管理，库管员以手工账为主，系统账未及时进行入出库业务处理，造成账实不符 2. 领料出库手续办理不及时 部分车间存在先领料投产，于月底统一在系统中办理领料手续的情况，造成账实不符 3. 完工入库手续办理不及时 车间产成品于每月 5 日、15 日、25 日三天集中办理完工入库手续，实物由物资管理部负责清点运输，但实际运输时间和办理手续时间不一致，造成账实不符 4. 采购入库业务执行不规范 采购员以录入系统的入库单进行报检。当出现不合格品需要换货，并将合格物资入库时，库管员未及时于系统中修改入库单数量并办理入库，造成账实不符 生产急需物资时，质检完成后未做入库已从库房领出，导致账面出现负数 5. 废品处理不及时 仓库中部分废品实物已经做了清理，但账务未及时处理，长期积累造成账实不符 6. "白条领用" 在新产品试制阶段，部分新产品因无工作号，或生产急需，使用"白条"办理领料出库，后续也未补充系统单据，导致账实不符

（续）

业务描述	问题分析
盘库结果未处理	当出现盘盈、盘亏时，库房未对结果进行分析，也未对仓库账进行调整，长时间积累造成账实差异越来越大，盘库并未起到实际作用

5. 质量管理

企业的质量管理工作涉及质量保证部和各分厂。

质量保证部负责组织建立供应商评价指标体系，进行供应商资质评审；编制产品符合性检查计划，组织判定不合格品；实施外购原材料、半成品（外协件）入厂质量检查工作和产品入库前验收。各分厂负责产品生产过程的工序检验和工序质量控制。

结合企业质量管理的现状和本次项目实施的目标，质量管理在以下方面需要进一步改善，见表2-5。

表2-5　质量管理

业务描述	问题分析
质量信息收集	质量保证部获得的各种生产相关的质量信息由各生产单位上报。由于限额发料执行不到位，各生产单位为完成质量指标可以少报或不报产品质量问题，导致质量信息失真，产品质量问题不能得到及时解决，增加产品的生产成本，还有可能影响产品的交付进度
售后质量问题处理	售出产品出现质量问题时，目前的措施仅限于对产品的质量问题进行处理，未对质量问题进行分析、总结，并在技术、工艺上采取相应措施，改进产品质量，避免类似问题再次发生

6. 生产管理

营销部每月2日向生产安全部提交四个月滚动市场需求计划，生产安全部每月8日下发生产计划草稿，每月18日左右公司计划平衡会确定月度生产计划。各分厂计划员依据月度生产计划编制分厂内部的生产计划及生产作业计划，物资管理部依据生产滚动计划编制采购计划。

若有追加订单，营销部直接下达销售订单给生产安全部，生产安全部下发生产变更单给各分厂。

以下从生产计划管理、生产领料管理、在制品管理、外协管理等几个方面对企业的生产管理现状进行分析、改善，见表2-6。

7. 应收应付管理

结合企业应收应付管理的现状和本次项目实施的目标，应收应付管理在以下方面需要进一步改善，见表2-7。

表 2-6　生产管理

业务描述	问题分析
生产计划管理	生产计划和采购计划编制涉及生产安全部、物资管理部、各分厂等多个部门,跨越多个岗位,生产安全部生产计划、分厂生产计划、物资管理部采购计划在数量上和时间上不能很好地衔接,计划的合理性有待改善: 1)生产安全部考虑车间产能将产品需求计划提前安排,如果存在插单,只能加班加点赶进度,可能造成生产出的产品没有市场需求,客户需要的产品不能按期交付 2)生产安全部编制生产计划时考虑生产废品率增加产品计划数量,造成零部件多采购、多产出,加大零部件的在制品数量 3)分厂编制生产作业计划时考虑生产废品率和产值指标增加产品计划数量,造成产品积压
生产领料管理	1)限额发料计划编制不及时,生产计划变更后限额发料计划未同步调整,造成仓库执行限额发料的依据缺失,物资发放只能靠人工进行协调 2)限额领料执行不到位。由于限额发料计划编制存在滞后的情况,物资管理部实际上按照生产单位的领料票进行发料,各分厂可以超计划领料。目前对限额领料的执行情况也没有考核。限额领料执行不到位造成车间生产中的质量问题不能及时发现,车间多领料、多生产,加大了车间在制品管理难度
在制品管理	1)由于缺乏信息化手段,车间在制品台账没有及时更新,相关管理人员不能根据车间在制品台账及时了解车间在制品动态 2)车间在制品存在账实不符的情况 3)售后服务所需备品备件直接从车间领用,不办理入出库手续,不能及时销账 4)协作零部件加工完成后,相关车间没有及时提供交接票据
外协管理	1)没有区分工艺性外协和能力性外协,统一由生产单位提出外协申请,生产安全部未起到控制作用 2)外协审批过程没有工艺部门的参与,未起到相应控制作用 3)委外加工台账资料亟须完善。委外加工台账只覆盖了少数几个产品,大多数委外产品的物料发出和返回情况不能通过委外加工台账反映出来 4)生产安全部对外协实际业务的管控需要加强 5)生产安全部主要通过开出门证对外协发料进行控制,绝大多数外协物资未进行实物清点,也允许事后补交委外申请单。生产安全部对外协的管理实际上变成了外协账务管理,不能起到实际控制作用 6)生产安全部不能掌控外协供应商的选择。按规定,生产安全部负责寻找外协供应商,但车间提交的委外申请单上有的已经写明了外协厂家,这样不利于对外协供应商的集中统一管理 7)生产安全部对车间外协件的现场管理存在困难。生产安全部外协人手不足,目前发料、质检靠车间协助;外协件返回后暂存在车间,质检完成后生产安全部和各分厂办理交接手续。但各分厂目前没有固定的外协件存放场地,容易和车间在制品混淆 8)不带料外协业务管理不规范。目前购销类外协和不带料外协业务主要归物资管理部管理,但生产安全部也有工装的采购和半成品采购业务。公司关于此类业务的规定不够明确

（续）

业务描述	问题分析
废品管理	对于作业报废及技术变更导致的报废，由于对车间的限额领料控制不到位，以及各车间出于规避考核的想法，存在废品不及时报废、不及时退库的情况，导致财务部的在制品台账与分厂的在制品台账不一致

表2-7　应收应付管理

业务描述	问题分析
外协报销	目前对于加工类零件外协与工序外协只结加工费情况的处理方式并不统一，主要处理方式有如下两种： 1）将外协加工费作为虚拟物料，给出物料编码，进行采购入库，在应付系统做采购发票，车间同时领用物料与加工费，作为虚拟物料的加工费随外协件一并出库进入产品成本 2）加工费直接按费用处理，收到加工费发票后在总账中做凭证，在成本核算时将加工费手工摊到外协件成本中 以上两种外协报销业务处理方式的选择完全依赖于业务人员的个人习惯，并无规律可循，很难区分出哪些外协加工费应随外协件一并领出库还是需要手工将外协加工费分摊到外协件上，易造成外协成本核算差错
应付暂估	1）对于采购件，货到票未到时，如果目前不亟须领用，则不做入库处理，月末也不进行暂估，会影响材料核算的准确度与存货的账实相符 2）对于外协件，外协加工费发票到达企业不及时，目前也未对已入库但发票未到的外协件进行暂估，外协件入库与对应加工费发票入账有跨期的情况，导致加工费与实物不对应，外协件真实成本核算不够准确
销售开票	应收会计依据库管员签字后的发货单与营销部领导签字后的发票请购单开具销售发票。实际业务中，库管员手工记录销售出库情况，存在发货单数量与实际出库数量不一致现象，易出现未发货多开票情况，影响账实相符

8. 材料核算

结合企业材料核算的现状和本次项目实施的目标，材料核算在以下方面需要进一步改善，见表2-8。

表2-8　材料核算

业务描述	问题分析
仓库盘点	1）目前存货年盘点，经营财务部未真正起到牵头与监盘作用，由物资管理部自行做数量盘点，自行填制物资盘点表与盘点盈亏报告 2）经营财务部未及时对盘点盈亏报告出具财务处理意见并进行相关账务调整。事务所对年盘点进行部分抽查，要求对抽查部分的盈亏情况进行处理时，经营财务部才进行相关账务调整

9. 固定资产管理

结合企业固定资产管理的现状和本次项目实施的目标，固定资产管理在以下方面需要进一步改善，见表2-9。

表 2-9　固定资产管理

业务描述	问题分析
固定资产台账	1）目前经营财务部固定资产卡片、使用部门资产台账、资产管理部设备台账三本账范围不一致，核对较困难 2）设备盘点时，经营财务部、资产管理部、资产使用部门三方未全部依据盘点结果及时调整相关台账，导致三方台账不一致
固定资产新增	1）由于《固定产移交记录单》中的信息不全或者存在错误信息，经营财务部无法在系统中进行资产增加处理，也未及时向资产管理部反馈，导致固定资产卡片不能及时建立，造成账实不符 2）新增固定资产时，由于发票未到，经营财务部也未使用暂估价格入账，致使无法及时转为固定资产，造成账实不符

10. 成本核算

结合企业成本核算的现状和本次项目实施的目标，成本核算在以下方面需要进一步改善，见表 2-10。

表 2-10　成本核算

业务描述	问题分析
成本核算	成本核算时，将自制件消耗直接结转到父项的原材料成本项目中，且未做成本还原，导致产品成本结构不清晰，无法准确分析各成本项目波动的原因 齿轮厂的热处理工段为齿轮厂、风源产品事业部、风电厂、配件厂提供热处理服务，月底各单位通过制修票按照内部结算价进行结算。但内部结算价与实际成本的差异全部由齿轮厂承担，导致齿轮厂自身产品的成本波动 生产物流业务不规范、成本核算相关数据汇总不及时，导致成本失真，例如： 1）生产、物流业务存在未办理领料手续就报完工的情况，导致成本核算过程中在制品账出现负数、完工产品成本不真实；车间多领用的物料未及时退库，造成产品成本虚高 2）各分厂由于抄表滞后，电费汇总不及时，造成成本失真

2.6.3　项目总体设计

1. 企业总体业务流程图

结合项目实施范围及目标，设计了以销售为龙头、以生产为主体、以财务及产品成本核算为目标、信息充分共享、业务财务一体化的整体业务流程，如图 2-31 所示。业务流程运转要求见表 2-11。

2. 技术管理

技术管理解决方案主要解决 ERP 系统所需要的主要基础数据物料、制造 BOM、工艺路线和集团 MDM 系统、PLM 系统的衔接关系，以及发生设计及工艺变更时确保 MDM 系统、PLM 系统和 ERP 系统中上述数据保持一致。

企业技术管理解决方案的整体业务流程如图 2-32 所示。

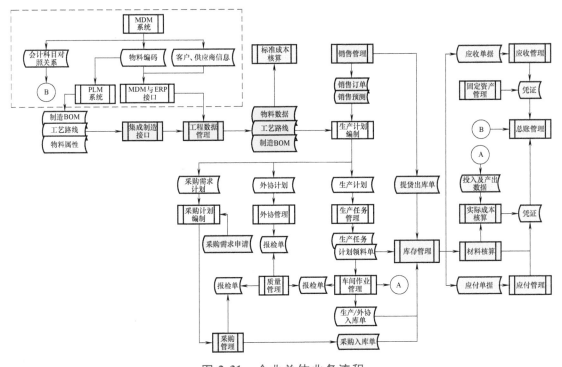

图 2-31 企业总体业务流程

表 2-11 业务流程运转要求

流程运转要求	详细内容
关键控制点	制造 BOM 和工艺路线来源于 PLM 系统,供应商、客户、集团控制的物料来源于 MDM 系统 新增会计科目时应首先通过 MDM 系统提出申请,获得审批通过后方可在 ERP 系统新建 发生设计变更时应及时调整 PLM 系统中的制造 BOM 和工艺路线,确保系统数据和实际生产数据一致 销售预测由经营财务部确认后下发生产安全部,经营财务部确定是否提交公司领导办公会审批 销售订单评审应包括生产安全部,评估交货期能否满足 上线产品的自制生产计划、外协生产计划及采购需求计划由生产安全部统一在系统中编制 未上线产品的生产计划按现有模式由生产安全部计划员手工编制,生产安全部生产计划员、外协计划员负责编制采购需求计划并通过系统提出采购申请 生产用主辅料、刀具、劳保用品、模具由物资管理部通过系统编制采购计划;设备备件由资产管理部通过系统编制采购计划;工装由生产安全部通过系统编制采购计划 通过系统控制限额发料: 1)上线产品相关物料限额由系统生成 2)未上线产品相关物料按审批后的领料申请进行限额 3)物料报废和产品报废通过系统进行管理 生产报工和质检判定在系统中于规定时间内完成 各生产单位确保物料在制和产品在制账实相符,物资管理部确保仓库物资账实相符

（续）

流程运转要求	详细内容
流程运转的制度要求	工艺技术研究所履行对工艺文件的审核职责,确保工艺文件的一致性、可用性和有效性 明确各生产单位确保车间物料在制和产品在制账实相符的职责,增加相应的考核指标 明确物资管理部确保物资及时供应及库存物资账实相符的职责,增加相应的考核指标: 1)管库员见单发料,见单收料,当日在系统中完成记账,杜绝白条领料 2)生产完工情况要在规定时间内汇报完毕 3)分厂检查工要在规定时间内完成质检 4)完工产品要在规定时间内办理入库

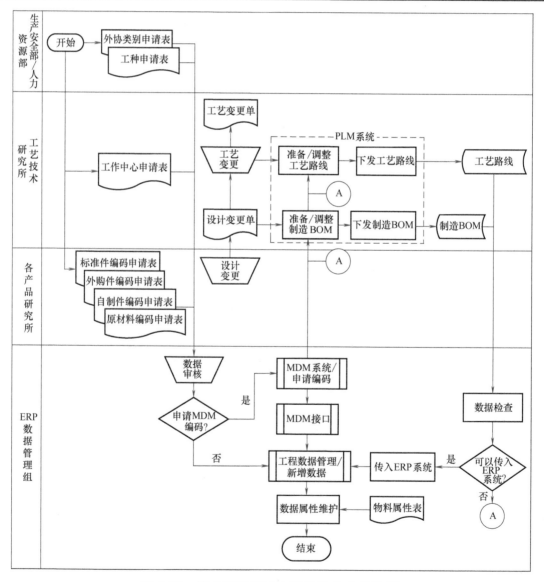

图 2-32　技术管理解决方案的整体业务流程

流程运转要求见表2-12。

表 2-12　技术管理流程运转要求

流程运转要求	详细内容
关键控制点	新增集团统一控制的物料主数据时,要通过 MDM 系统申请和下发,不在 ERP 系统中新增: 1)ERP 系统中不对 MDM 系统和 ERP 系统约定的属性进行修改 2)PLM 系统是 ERP 系统制造 BOM 和工艺路线的唯一来源 3)如果有新产品,要先在 PLM 系统中准备制造 BOM 和工艺路线,补充物料的制造采购件标记、虚拟件标记、外协标记、最终产品标记、取整倍数、责任部门、工艺路线编号属性并传递到 ERP 系统。产品试制阶段不纳入生产系统管理 4)PLM 系统编制工艺路线所需要的工种、工作中心和外协类别数据来源于 ERP 系统,在 ERP 系统中维护 5)PLM 系统直接读取 ERP 系统的工种、工作中心和外协类别数据信息 6)从 PLM 系统中接收工艺路线数据后,还要补充工艺路线中 ERP 系统所需的相关属性 7)从 MDM 系统中接收物料主数据后,还要补充物料主数据中 ERP 系统所需的相关属性
流程运转的制度要求	按技术管理流程明确各部门基础数据准备的职责 规定发生设计变更和工艺变更时,工艺部门要修改 PLM 中的制造 BOM 和工艺路线并传递至 ERP 系统,确保基础数据的一致性 明确工艺技术研究所履行工艺文件审核职责: 1)对由于已审核工艺文件原因造成不良品,对工艺技术研究所进行考核 2)对使用未经审核工艺文件进行生产的行为,对生产单位进行考核

技术管理是 ERP 系统生产计划的基础数据来源。为了保障企业生产计划编制准确,降低技术原因导致的生产成本增加,保证实施目标的实现,提出如图 2-33 所示技术管理解决方案。

图 2-33　技术管理解决方案

1）统一编码体系，规范编码（表 2-13）。

表 2-13　编码体系

编码类别	编码方式
MDM 物料	按照集团公司要求填写相关属性并通过 MDM 系统申请物料编码
非 MDM 物料	对未纳入集团公司物料编码管理的工装工具、刀具、劳保用品、设备备件等物料,由 ERP 数据管理组结合目前系统的数据进行分析、梳理,明确物料编码规范、编码规则和责任部门,确保一物一码

2）工艺技术研究所履行工艺文件审核职责，确保工艺文件的有效性和可用性。工艺文件审核内容见表 2-14。

表 2-14　工艺文件审核内容

解决方案	内容描述
工艺技术研究所履行审核责任	1)工艺技术研究所履行审核责任,对审核后下发到车间的工艺文件负责 2)对未经审批直接使用工艺文件用于生产的生产单位,由工艺技术研究所对生产单位进行考核 3)对经过审批但由于工艺文件原因造成生产过程中的不良品,对工艺技术研究所进行考核

3）实现 PLM 与 ERP 的集成。在 PLM 系统中搭建制造 BOM，编制工艺路线，经过系统检查无误后传入 ERP 系统。制造 BOM 准确率要达到 100%。

4）规范设计变更和工艺变更流程，保证物料、制造 BOM 和工艺路线数据的一致性。发生设计变更和工艺变更时，设计部门和工艺部门按照技术管理流程调整相应的产品图样、明细表、工艺过程卡或工序卡片。和上线产品有关的变更，还应在 PLM 系统中调整相应的制造 BOM 或工艺路线并传入 ERP 系统，再下发相应的变更单。

5）完善工艺路线和产品结构数据，优化定额管理，为限额领料和标准成本核算提供依据。定额管理内容见表 2-15。

表 2-15　定额管理内容

解决方案	内容描述
完善工艺路线中的定额工时	1)目前劳动定额工时与实际发生加工工时差异较大,无法依此进行产能平衡,必须调准工艺路线中的工时定额。建议先将关键工作中心(瓶颈)的工时定额核算准确,其他工作中心的工时暂按劳动定额设置,但后续要有计划地调准。工人工资可以通过提高小时费率来保障 2)工时定额核算由工艺技术研究所负责、各生产单位配合制定工序工艺定额,人力资源部提供辅助时间并负责调整小时费率

（续）

解决方案	内容描述
完善制造 BOM 数据	1）以设计 BOM 和实际工艺过程为基础搭建制造 BOM，在制造 BOM 中建立原材料节点并制定原材料消耗定额作为限额发料的依据 2）对于原材料下料工序形成的下料件单独进行编码，为其准备制造 BOM。制造 BOM 增加下料件层次有利于生产计划编制，直接下达下料件生产任务，提前组织生产，便于下游车间在制品管理
优化定额管理	1）建立材料消耗定额和工时定额优化管理办法 2）工艺技术研究所要加强和生产单位的沟通，当发现材料定额、工时定额和车间实际不相符时，应及时同步更新技术文件及 PLM 系统中的材料定额和工艺路线中的工时定额并传入 ERP 系统

3. 营销管理

营销管理整体流程图如图 2-34 所示。

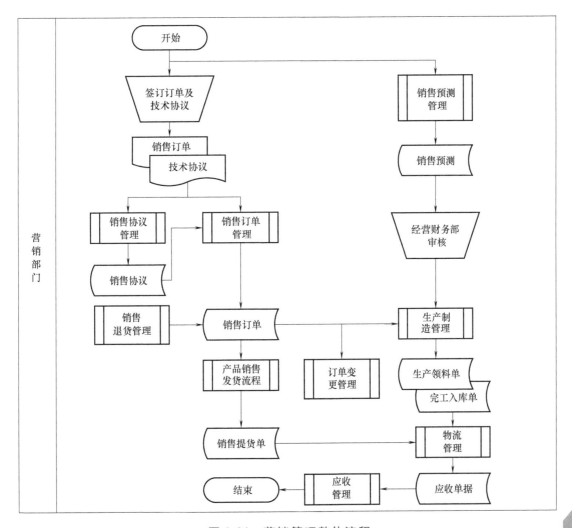

图 2-34　营销管理整体流程

流程运转要求见表 2-16。

表 2-16　营销管理流程运转要求

流程运转要求	详细内容
关键控制点	通过在系统中建立不同销售小组的方式,在系统中处理各自的销售业务 市场需求计划编制: 1)营销部计划员根据销售员提供的预测信息编制市场需求计划,经经营财务部审批后(超过一定额度的经公司领导办公会审批),下发生产安全部作为生产计划的需求来源。其中上线产品由营销部计划员录入预测信息 2)对于上线产品,销售订单签订后,由营销部计划员核销预测信息 3)售后服务备件:售后服务部每季度提交售后服务备件预测信息至营销部计划员处,营销部统一编制市场需求计划 对于贸易业务,需要在系统中执行贸易业务管理流程 订单跟踪: 1)根据不同订单的生产周期、产品种类和技术要求,按旬或月对订单交期、数量、技术参数等内容进行跟踪。可对客户的生产计划、场地条件、交货要求等方面进行实地勘察,验证订单是否可能出现变更 2)对厂内生产进度进行跟踪,掌握订单的执行情况,了解是否能及时供货
流程运转的制度要求	1)无论是成熟产品还是新产品,订单签订之前,需由生产部门、工艺部门、设计部门对交货期、生产加工能力、技术参数要求等进行评估和确认,降低订单发生变更的可能性 2)订单签订以后,明确订单跟踪责任人、跟踪内容和跟踪要求,根据要求定期回访客户,跟踪订单执行情况和客户的需求变更 3)发生订单变更时,营销部门计划员需提供规范的变更说明文档,明确订单变更内容,并于规定日期内传递至生产部门

订单类型划分见表 2-17。

表 2-17　订单类型

订单类型	是否上线产品	是否排产	是否预测核销	核销方式
排产订单	是	是	是	订单签订后,营销部计划员将该客户的订单信息与当月的产品预测数据进行核销
不排产订单	否	否	否	—

为了达到营销管理实施目标,我们提出四点解决方案,如图 2-35 所示。

1)主动拜访客户,获取主机厂对配件的需求信息;加强对签订订单的跟踪和关注。要求销售人员每月定期拜访主机厂,尽早确认客户需求的品种、数量、时间,了解主机厂和其他主要市场客户对配件的需求进度及相关要求,并及时准确地反馈需求信息。建议将预测计划的确认提升至公司领导办公会,由相关领导批准后下发执行。

对已签订订单，每旬或每月定期对客户进行回访，了解客户需求变更信息并及时反馈至生产部门进行生产调整。

增强技术部门对营销部门进行技术支持。针对客户的技术变更，由技术部门协助营销人员和客户协商变更事宜，制定合理的应对措施。

2）销售订单跟踪管理。通过订单跟踪功能，实现销售人员对销售订单的跟踪，实时掌握订单的执行情况，并及时向客户反馈，与生产安全部进行必要的沟通以保证订单的准时交货，流程如图2-36所示。此外，当客户需求发生变更时，依据这些信息和客户、生产部门共同确定变更方案和变更措施，尽量减少因需求变更而增加的生产成本。

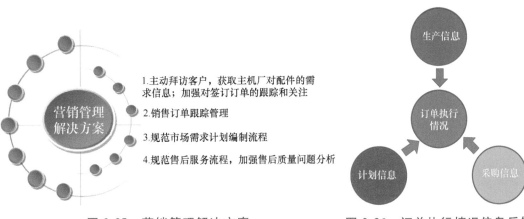

图 2-35　营销管理解决方案　　　　图 2-36　订单执行情况信息反馈

订单跟踪业务内容见表2-18。

表 2-18　订单跟踪业务内容

部门	相关要求
分厂	实物完工后，要及时在ERP系统内报工
物资管理部采购中心	采购到货后，要及时在系统内做采购接收
物资管理部物流中心	生产领料、生产完工和采购入库后，入出库业务要做到日清

3）规范市场需求计划编制流程。统一和规范营销部门的需求计划文档及编制要求。要求营销部门如实反映实际需求信息，生产安全部编制生产计划时统筹考虑库存和产能因素。

4）规范售后服务流程，加强售后质量问题分析。售后服务部门领用备品备件，应与库房办理领用手续，不可直接从车间领用。

售后服务部门定期整理并提供售后服务数据给质量保证部，质量保证部牵头组织设计部门、工艺部门、生产单位对售后质量问题进行质量分析和质量改进。

4. 采购管理

为了达到采购管理实施目标，我们提出如下两点解决方案：

（1）采购计划编制　采购计划的编制对象分为上线产品生产物资、未上线产品生产物资、非生产物资和设备备件。其采购计划编制方式见表2-19。

表2-19　采购计划编制方式

计划对象	编制方式
上线产品生产物资	采购计划员于系统中定期编制采购计划。其中与生产计划相关的物资需求来源于MRP计划系统，采购员在采购管理系统进行接收
未上线产品生产物资	未纳入生产系统管理的产品的采购需求，由生产安全部生产计划员通过采购管理系统录入需求申请，生产安全部审核，物资管理部采购计划员定期在系统中将需求申请生成采购计划
非生产物资	对于非生产用物资，可由各使用单位在采购管理系统中提出需求申请，采购计划员定期在系统中将需求申请生成采购计划
设备备件	设备备件由各使用部门提出需求申请并录入系统，资产管理部主管领导审核，资产管理部计划员将审核通过的需求申请生成采购计划，由资产管理员执行采购

其中，各部门的采购职责划分见表2-20。

表2-20　各部门的采购职责

部门	职责
生产安全部	1）通过系统编制采购需求计划 2）录入公司领导办公会审核后的长周期和战略物资的采购需求 3）制定、优化采购物资批量政策和采购提前期
各分厂	1）未上线产品的采购需求，各分厂使用的工具、辅料等非生产物资由各分厂计划员通过系统录入采购需求 2）追加由于设计变更产生的临时采购物资的采购需求 3）录入紧急采购物资的采购需求
物资管理部	1）物资管理部采购计划员根据采购需求计划、各部门的采购需求申请、订货点数据，通过系统编制采购计划 2）采购员执行通过审核的采购计划 3）配合生产安全部制定、优化采购物资批量政策和采购提前期

采购流程运转要求见表2-21。

表2-21　采购流程运转要求

流程运转要求	详细内容
关键控制点	需求申请录入权限下放各使用部门，需求申请审批权限需授予相关领导，只有审批通过的申请才能生成计划

（2）规范采购业务管理流程　采购协议、订单、接收单等单据应按照业务

发生时点及时在系统中录入（表2-22）。

表 2-22 采购业务管理流程

业务流程	处理办法
采购订单管理	采购合同签订后,在物料编码、供应商编码申请完毕后录入系统 采购订单入库完成之后,系统对采购订单进行自动结案
采购接收 报检流程	使用系统打印的《采购接收单》进行报检,单据上只有接收数量,没有合格数量,质检员进行检验后在接收单上填写合格数量并签字
采购订单 变更流程	若发生订单价格变更,则应在与供应商达成一致意见后及时在系统中进行采购订单价格变更处理 若订单因某些原因确认不再继续执行,则在系统中对该订单进行结案并录入结案原因

5. 库存管理

为了达到库存管理实施目标，我们提出如下五点解决方案：

1）规范执行各入出库业务流程，提高账实相符率。库存管理业务流程见表 2-23。

表 2-23 库存管理业务流程

关注点	要求
规范入出库业务	要求库管员见单收料,见单发料,当天入出库单据必须当天记账
杜绝"白条领用"	领料需开领料单,库管员严格按照系统领料单进行发料。采购物资办理采购入库手续后,才能被分厂领用
盘点准确	系统上线之前,必须进行库房盘点,对于历史遗留的丢失未销账、借用未归还等问题,写清原因,财务部调账。期初进入系统中的数据必须保证实物与仓库账相符,仓库账与财务账相符 建立待处理库,盘点中的待处理品进入待处理库,不作为计划资源考虑

入库业务流程要求见表2-24。

表 2-24 入库业务流程要求

业务情况	处理办法	流程运转的制度要求
常规采购接收入库业务	采购员凭系统《采购接收单》到仓库办理采购入库业务,库管员需根据接收单上质检员填写的合格数量清点实物,在系统里生成《采购入库单》并记账	库管员在业务流程各阶段严格按照实际入库数量入账,并保证手续的及时性
同批接收的物料中有质检不合格品需要与供应商换货	先将合格的物资办理入库,账上记实际入库数量,待换货的物料运达后再将换货物资办理入库	
采购质检尚未结束,系统中未办理入库手续,车间亟须办理生产领用	严格按紧急放行流程要求先办理采购接收入库,再办理生产领料出库手续	制定紧急放行流程

（续）

业务情况	处理办法	流程运转的制度要求
完工入库	库管员到车间现场清点成品数量并运输回库,依据车间开出的成品交库票(生产入库单)在系统中办理完工入库手续	在规定时间内办理入库手续
生产领料出库	1)对于上线产品的生产领料,库管员依据生产领料单上的数量和品种,清点实物后由车间材料员领用 2)对于未上线产品的领料,车间材料员需给出工作令号,库管员通过申请出库流程指定工作令办理领料出库	管库员必须做到见单发料,非系统单据不能办理领料出库业务。严格按照系统单据上的数量办理实物发货
销售出库	若销售员要求提货数量与提货单不一致,库管员应要求销售员重新开具提货单,或库管员修改出库单中的出库数量	实际出库数量必须与系统中的出库流水账一致

2）规范执行盘库流程，对盘库结果进行处理，确保账实相符（见表2-25）。

表2-25　盘库流程要求

关注点	要求
规范盘点流程	1)月度盘点由各仓库责任部门自行组织;各库管理员进行自盘;物资管理部组建盘点小组对各库进行抽盘,同时每次可选一至两个库进行全面盘点 2)季度、年度盘点由经营财务部组织并全程监控
盘库封账	盘库期间要求封账,以保证数据相对静态
盘库登账	1)详细记录每次盘库结果,明确盘盈、盘亏的原因与责任归属,并进行仓库账务调整,保证账实相符 2)盘库结果提交经营财务部进行分析处理

3）对涉及有效期的物料进行批次管理。有保质期的产品可以考虑按照批次管理，具体管理要求见表2-26。

表2-26　批次管理要求

业务情况	处理办法
批次管理	按先进先出的要求办理实物发货 在系统中办理采购入库、申请入库、完工入库时,必须同时录入批次号,建议批次号为入库日期加流水号 实物在库房中按入库日期码放,并做好标识,领用时可参考批次号,按先进先出的原则发料 企业需整理按批次管理的物资清单

4）完善仓库设置，保障成本核算准确性。对于既可自制又可采购的物料，为了核算实际成本，分别建立自制库和采购库，自制时进自制库，采购时进采购库。对于自制半成品设置虚拟库，实物不入库。

5）明确仓库人员权限见表2-27，仓储管理信息见表2-28。

表 2-27 仓库人员权限

项目	内容
明确仓库人员权限	每个仓库设一名库管员专门负责系统中的入出库业务、仓库盘点、库存分析等操作,下达实物入出库的指令,其他人员根据指令进行实物入出库及实物整理

表 2-28 仓储管理信息

仓库编码	仓库名称	计划使用仓库	成套库编码	成套库名称	自制/采购	责任部门	备注
01	原材料一库	是	01	原材料一库	采购	物资管理部	金属原材料（制造BOM中涉及,申请MDM码的金属原材料）
02	原材料二库	是	02	原材料二库	采购	物资管理部	非金属原材料（制造BOM中涉及,申请MDM码的非金属原材料）
03	标准件库	是	03	标准件	采购	物资管理部	标准件
04	外购件库	是	04	外购半成品库	采购	物资管理部	外购零部件
05	其他辅料库	是	05	其他辅料库	采购	物资管理部	—
06	劳保库	否	06	劳保库	采购	物资管理部	劳保物资
07	杂品库	否	07	杂品库	采购	物资管理部	—
08	直送交接库	是	08	直送交接库	自制	生产安全部	自制零部件
09	备品库（采购）	是	09	备品库	采购	物资管理部	外购毛坯
10	备品库（自制）	是			自制	物资管理部	自制毛坯
11	成品一库	是	11	成品一库	自制	物资管理部	—
12	成品二库	是	12	成品二库	自制	物资管理部	—
13	成品三库	是	13	成品三库	自制	风源产品事业部	风源预留
14	成品四库	是	14	成品四库	采购	物资管理部	成品库（采购）
15	废品库	否	15	废品库	自制	物资管理部	废品
16	设备备件库	否	16	设备备件库	采购	物资管理部	设备备件
17	油化库	否	17	油化库	采购	物资管理部	油料化工
18	燃料库	否	18	燃料库	采购	物资管理部	燃料、煤
19	工具库	否	19	工具库	采购	物资管理部	工具、刀具
20	工装模具库	否	20	工装模具库	采购	物资管理部	工装、模具
21	待处理库	否	21	待处理库	自制	经营财务部	待处理物资
22	成品库（物流）	否	22	成品库（物流）	采购	营销部门	成品物流

（续）

仓库编码	仓库名称	计划使用仓库	成套库编码	成套库名称	自制/采购	责任部门	备注
23	外协库	是	23	外协库	自制	生产安全部	生产安全部外协物资
24	返修库	否	24	返修库	自制	营销部门	售后服务返修品

6. 质量管理

质量管理是企业 ERP 项目的重要组成部分，计划在二期项目中全面实施。本期项目的目标是在系统中建立生产过程、采购过程的质量检验控制点，实现关键环节的质量控制。为此，提出如图 2-37 所示的解决方案。

图 2-37　质量管理解决方案

1）采购、生产相关质检业务统一纳入质量管理系统进行管理，保证质量统计分析有正确的数据来源。装配生产过程、机加生产过程、采购业务和质量检测紧密连接，在系统中通过采购到货单、外协交接单、工票生成报检单并进行质量判定，可以准确记录外购件和自制件、外协件的质量信息。在此基础上，可以方便地统计、查询按年、季度、月份为间隔的某种物料或某类物料的一次交验合格率情况，以及统计、查询物料一定时间内各个供应商所供货物的总数量、合格数、合格率、废品数、废品率等，为产品质量分析提供有效支持。

2）对售后产品的质量问题点进行分析，寻找产品质量改善点，提升产品品质及竞争力，更好地满足客户需求。售后产品出现质量问题会对公司产品信誉产生严重影响，也是产品质量改进的直接动力。应由质量保证部牵头，设计部门、工艺部门和生产单位共同分析产品质量问题的产生原因，采取措施改进产品设计、工艺管理和生产管理，提升产品质量水平。

7. 生产管理

生产管理的整体流程如图 2-38 所示。

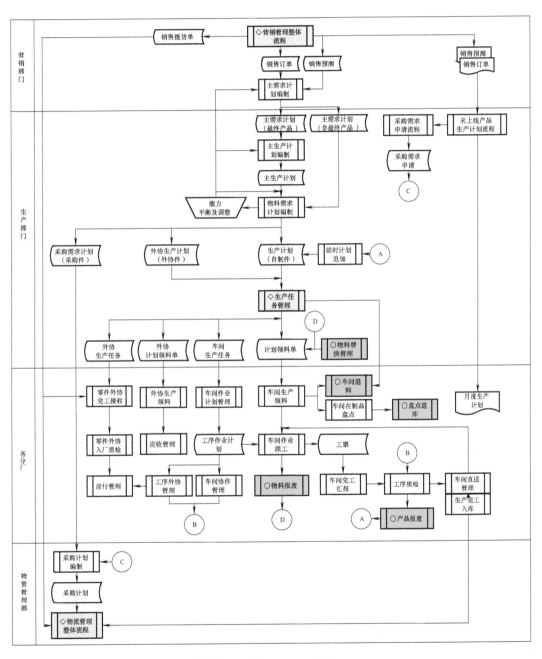

图 2-38　生产管理整体流程

生产管理流程运转要求见表 2-29。

表 2-29　生产管理流程运转要求

流程运转要求	详细内容
关键控制点	主需求计划由营销部计划员编制。为便于和生产安全部沟通协调,建议由营销一部计划员负责统一编制主需求计划 上线产品的自制生产计划、外协生产计划、采购需求计划由生产安全部根据销售预测和销售订单通过系统统一编制 未上线产品的生产计划由生产安全部手工编制并下达,生产安全部生产计划员根据生产计划编制未上线产品生产用主料的采购需求并录入系统 上线产品的自制生产任务和外协生产任务由生产安全部统一下达 各分厂负责内部生产管理 生产用主辅料、刀具、劳保用品、模具由物资管理部通过系统编制采购计划;设备备件由资产管理部通过系统编制采购计划;工装由生产安全部通过系统编制采购计划 1)已下达车间的生产任务如需能力外协由分厂提出申请,生产安全部审核。工艺部门应对外协厂家的工艺能力进行审核 2)工艺外协由工艺技术研究所制定 通过系统进行限额发料控制: 1)对于上线产品,通过系统生成的领料计划控制发料 2)对于未上线产品,通过系统中的领料申请控制发料 对于生产过程中的不合格品,由质量保证部或分厂通过系统发起物料报废和产品报废流程,生产安全部通过系统确定是否补料或补产品计划
流程运转的制度要求	营销部门应在规定时间内完成销售预测编制、审批、销售订单的录入以及销售预测的核销 考核分厂在制品账实相符率,由生产安全部定期检查并将盘点结果上报经营财务部进行考核 各班组生产完工后由统计员在规定时间内报检,完工产品要在规定时间内办理入库手续 统计员报检后,分厂检查工应在规定时间内完成检验,并在系统中完成对报检单的处理

针对生产管理实施目标，提出如图 2-39 所示解决方案。

图 2-39　生产管理解决方案

（1）优化计划编制模式，调整计划人员职责，建立销售预测/订单、生产计划、采购计划的业务集成平台

1）计划编制模式：上线/未上线产品需求类型及生产计划处理方式见表2-30。

表2-30 上线/未上线产品需求类型及生产计划处理方式

产品	需求类型	生产计划来源	生产计划方式	审批方式	订单核销	完成时间	时间长度
未上线产品	销售预测	是	手工	财务部	不需要	每月月底完成下月销售预测编制和审批,月中有新增及时提交审批	4个月
	销售订单	是	手工	审批流程	—	即日录入系统	—
上线产品	销售预测	是	系统	财务部	需要	每月月底完成下月销售预测编制和审批,月中有新增及时提交审批	4个月
	销售订单	是	系统	审批流程	—	即日录入系统	—

注：1. 销售预测不考虑成品库存，为毛需求，要有明确的需求日期，审批通过的销售预测作为生产计划的需求来源。
2. 销售订单审批流程应确保产品生产周期+采购周期可以满足销售订单的交货日期要求，完成审批的销售订单作为生产计划来源。
3. 生产安全部应参与销售订单审批流程，以确定能否按需求日期交货。
4. 销售预测由各营销部门提交经营财务部，经营财务部组织评审并决定是否提交公司领导办公会审批。
5. 营销部售后服务人员每季度编制售后备品备件需求计划并提交经营财务部组织评审，评审通过后的备品备件需求计划作为生产计划的需求来源。

上线/未上线产品计划内容见表2-31。

表2-31 上线/未上线产品计划内容

产品	计划内容	编制方式	编制职责	部门	编制时间	计划长度
未上线产品	产品需求计划	手工	营销计划员	营销部	每月营销部提交市场预测计划(产品需求计划)后编制生产计划,月中订单调整时下发生产变更单。采购申请在采购计划编制前完成	4个月
	月度生产计划	手工	生产计划员	生产安全部		
	分厂生产作业计划	手工	分厂计划员	各分厂		
	采购申请(生产用主料)	手工	生产安全部生产计划员	生产安全部		按需要
上线产品	主需求计划	系统	营销计划员	营销部	每月月底编制。销售预测和销售订单发生变化时重新编制	4个月
	产品生产计划	系统	主计划员编制,生产计划员、外协计划员、采购计划员协助	生产安全部	每月营销部计划员在系统中编制主需求计划后编制。月中主需求计划变化时重新编制	
	自制生产计划	系统				
	外协生产计划	系统				
	采购需求计划	系统				

（续）

产品	计划内容	编制方式	编制职责	部门	编制时间	计划长度
上线产品	工序进度计划	手工	分厂计划员	各分厂	按需要	按需要
	采购计划	系统	采购计划员	物资管理部	和生产计划编制同步。有临时采购申请时重新编制	1个月

注：1. 紧急采购采用采购申请方式提出采购需求。长周期采购物资和战略采购物资由公司领导办公会决策，采用采购申请方式提前备料。

2. 对于上线产品，限额发料通过系统生成的领料单进行控制，物资管理部不再编制限额发料计划，各分厂不再编制协作计划；未上线产品通过领料申请进行领料。

3. 生产辅料及设备备品备件、刀具、工装模具、劳保用品的采购申请由需求部门在系统中录入采购申请明细，归口部门审核。

4. 生产用主辅料、刀具、劳保用品、模具由物资管理部采购计划员生成采购计划；工装由生产安全部外协计划员生成采购计划；设备备件由资产管理部计划员生成采购计划。

5. 工序进度计划的编制依据是各工序的加工时间及准备时间或者各工序相对于首末序的偏移时间，因此工艺路线中各工序的时间是否准确决定工序进度计划能否和实际相符。本次上线建议手工编制工序进度计划。

6. 编制生产计划时考虑产品或零件的废品率。生产安全部应以工艺技术研究所提供的不同类自制件的废品率为依据编制生产计划和采购需求计划，各部门按计划执行。如果各部门在计划执行过程中发现异常，应立即向生产安全部进行反馈以便及时进行调整。

7. 来料加工业务的生产计划由生产安全部计划员手工编制，不在系统中进行管理。

未上线产品生产计划业务流程如图 2-40 所示。

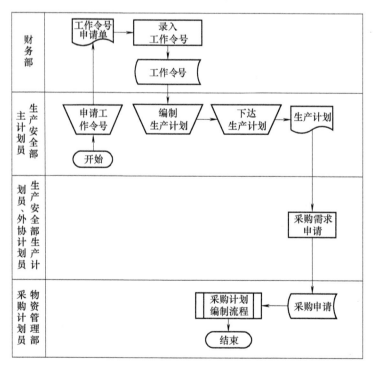

图 2-40　未上线产品生产计划业务流程

说明：未上线产品工作令号按产品下达，每个产品一个工作令号。

2）计划下达模式：

a）生产计划员负责自制生产计划的接收和下达，外协计划员负责外协生产计划的接收和下达，采购计划员负责采购计划的下达。自制生产计划和外协生产计划按开工日期下达。上线初期，对于装配车间，每次下达未来两周内需投产的装配生产计划；对于机加工车间和生产安全部外协，每次下达未来1个月内需投产的自制生产计划和外协生产计划，系统运行平稳之后要逐步缩短下达周期；采购计划按订货日期下达，每次下达本次编制的所有采购计划。

b）对于自制生产计划和外协生产计划，计划接收之后只确认需要下达的生产计划。当销售订单发生变化时，可以对未下达的生产计划进行调整，重新编制出与销售订单时间一致的生产计划。

c）自制生产计划和外协生产计划下达前，生产计划员和外协计划员需确认要下达的生产计划所需物料可用或可按期到货，缺料的生产计划不下达。

计划编制和下达过程中计划员的职责调整见表2-32。

表 2-32　计划编制和下达过程中计划员的职责调整

岗位	职责增加内容	工作流程
营销部计划员	销售订单承诺、主需求计划编制	每月月底营销部计划员在系统中录入销售预测并编制主需求计划,经经营财务部审核后下发 月中销售预测和销售订单变更时重新编制主需求计划并提交经营财务部审核
生产安全部主计划员	主生产计划编制、物料需求计划编制,组织对生产计划和采购需求计划的合理性进行分析 分析计划均衡情况,做出相应调整,使生产达到均衡 负责组织优化,定期调整期量标准 编制未上线产品生产计划,根据销售订单变更下达生产变更单	每月营销部计划员编制主需求计划并完成审核后通过系统编制下月生产计划和采购需求计划 月中每天检查主需求计划变更情况,根据变更后的主需求计划,重新编制主生产计划和物料需求计划 主生产计划的展望期和物料需求计划的展望期都是120天 对于未上线产品,每月营销部提交审批后的市场预测计划后手工编制生产计划并下达;月中每天检查订单变更情况,下达生产变更单
物资管理部采购计划员	配合主计划员进行计划编制,对采购需求计划的合理性进行分析 结合采购需求计划、订货点需求及采购申请编制采购计划;采购计划的下达及跟踪执行	配合主计划员进行计划编制,对采购需求计划的合理性进行分析 生产计划发生变化或有新的采购申请时,编制采购计划,编制范围为1个月。编制完成后下达本次编制的全部采购计划

（续）

岗位	职责增加内容	工作流程
生产安全部 生产计划员	配合主计划员进行计划编制,对自制生产计划的合理性进行分析 各分厂生产任务接收、确认、下达工作 补废临时计划的追加 对未上线产品销售预测和销售订单手工编制生产计划并下达 根据未上线产品生产计划编制采购申请并录入系统	对补废临时计划进行追加,当天下达并通知分厂计划员 配合主计划员进行计划编制 生产计划编制完成后,接收各分厂的生产任务,对于装配车间,确认两周的生产任务并下达 对于机加工车间,确认1个月的生产任务并下达 根据未上线产品生产计划编制采购申请并录入系统
生产安全部 外协计划员	配合主计划员进行计划编制,对外协生产计划的合理性进行分析 零件外协生产任务接收、确认、下达工作;补废临时计划的追加 对未上线产品销售订单手工编制外协生产计划并下达 对未上线产品外协生产计划所需物料编制采购申请并录入系统 编制工装的采购计划	对补废临时计划进行追加,当天下达并通知外协单位 对未上线产品生产计划手工编制外协生产计划并下达,月中每天检查生产变更单,编制外协生产计划并下达 对未上线产品外协生产计划所需物料编制采购申请并录入系统 配合主计划员进行计划编制 生产计划编制完成后,接收外协生产任务,对1个月的外协生产任务进行确认并下达 每日检查工装的采购申请,编制工装采购计划
分厂计划员	手工编制分厂生产计划并下达 对生产用辅料编制采购申请并录入系统	生产安全部下达生产计划后手工编制分厂生产作业计划并下达 月中每天检查生产安全部下达的生产变更单,手工编制分厂生产作业计划 对生产用辅料编制采购申请并录入系统

3）车间管理模式及职能设置：各分厂相关人员的职责见表2-33。

表2-33　各分厂相关人员职责

岗位	职责增加内容	工作流程
分厂计划员	与工段调度确定要投产的生产任务,在系统中生成生产领料单,安排生产领料 组织车间物料在制和产品在制盘点,确保账实相符 生成完工入库申请单,和成品库办理交接手续 对于单件管理的产品,在系统中录入单件号	接收生产安全部下达的生产任务,确定是否需要进行能力外协,并办理能力外协手续 和工段调度确定本周要投产的生产任务,生成生产领料单,安排产前调度提前1天进行领料 车间任务末序完工后,办理产品验收记录单,在系统中生成入库申请单,与成品库办理交接手续,将单件管理产品单件号录入系统 定期组织车间物料在制和产品在制盘点

（续）

岗位	职责增加内容	工作流程
产前调度	组织生产领料 负责车间物料在制盘点,确保账实相符	将生产领料单号通过邮件发给管库员进行备料,和仓库管库员办理实物交接,工序开工前1天完成领料 定期进行车间物料在制盘点,确保账实相符
工段调度	负责在系统中进行工序派工,打印派工单 对于配件厂机加工段、风源产品事业部转子和箱体工段、风电厂机加工段、齿轮厂机加工段派工到个人,其他分厂或工段派工到班组 跟踪生产任务工序进度情况,进行车间调度 进行车间产品在制盘点,确保账实相符 工序外协发出和接收时和生产安全部外协调度进行实物交接和签收 工序协作发出和接收时和协作车间调度进行交接	根据本周要投产的生产任务安排每日进行生产派工和返工派工,打印派工单 跟踪生产任务工序进度情况,进行车间调度 和生产安全部外协调度进行工序外协交接 在工序协作发出和接收时与协作车间调度进行交接 定期进行车间产品在制盘点,确保账实相符
班组/个人	按派工单组织生产,填写工票,由工段调度签字后提交统计员进行报检	每日按派工单组织生产,填写工票,由工段调度签字后提交统计员进行报检
统计员	在系统中进行报工	每日在系统中进行报工
检查工	对报检工序进行检验,在系统中进行合格判定。全部工序完工后,在系统中进行总检报检	对报检工序进行检验,在系统中进行合格判定 全部工序完工后,在系统中进行总检报检
质量保证部检查员	产品全部工序加工完成后,进行车间总检	产品全部工序加工完成后,分厂检查工生成车间总检单,检查员在系统中进行总检判定

4）逻辑车间设置：系统实施需要设置逻辑车间的部门见表2-34。

表 2-34　逻辑车间部门

实际车间	逻辑车间	对应工段
风源产品事业部	风源产品事业部_机加工段	转子工段、箱体工段
	风源产品事业部_组装工段	组装工段
风电厂	风电厂_机加工	机加工段
	风电厂_组装	组装工段
	风电厂_试验	试验工段
配件厂	配件厂_机加工段	两个机加工段
	配件厂_组装工段	两个组装工段

（续）

实际车间	逻辑车间	对应工段
齿轮厂	齿轮厂_本部	除热处理外其他工段
	齿轮厂_热处理工段	热处理工段
物资管理部下料班组	物资管理部下料车间	物资管理部下料车间
铸造厂	铸造厂	—
机电厂	机电厂	—
铆焊厂	铆焊厂_垫板工段	垫板工段
	铆焊厂_结构件工段	结构件工段

设置上述逻辑车间的原因如下：

a）风源产品事业部分厂包括转子工段、箱体工段和组装试验工段。转子工段、箱体工段和组装工段的生产组织模式和产品形成时点不同，转子工段、箱体工段完工的零件要办理入库手续，应单独编制生产计划，单独下达生产任务，因此在系统中应定义为机加工车间和组装试验车间两个逻辑车间。风电厂、配件厂设置逻辑车间的原因与风源产品事业部相同。上述分厂的逻辑车间均为基本生产车间。

b）齿轮厂包括机加工工段和热处理工段，机加工工段负责齿轮相关产品的机加工，热处理工段不但为齿轮厂加工产品提供热处理，同时为企业厂内其他分厂加工产品提供热处理，热处理工段的相关制造费用应由厂内分厂共同分担。在系统中应定义为本部和热处理两个逻辑车间，两个车间均为基本生产车间。

c）物资管理部下料实际是生产环节，应作为生产车间进行管理。因此，要为物资管理部下料班组建立逻辑车间。

5）变更处理：对于设计变更，由工艺技术研究所工艺人员根据设计变更单在 PLM 系统对制造物料清单进行调整并传入 ERP 系统，计划员进行物料替换并分情况在系统中对设计变更进行分类消化。设计变更和订单变更的处理方式见表 2-35。

表 2-35 设计变更和订单变更的处理方式

变更情况	生产安全部	物资管理部	分厂
增加生产任务	不紧急：通过重新编制 MRP 计划调整 紧急：追加临时任务	—	编制生产作业计划，执行生产任务
增加采购需求	不紧急：通过重新编制 MRP 计划调整 紧急：追加采购申请	编制采购计划，执行临时采购	—

（续）

变更情况	生产安全部	物资管理部	分厂
结构变更未领料	回收生产任务,重新确认生产计划	—	编制生产作业计划,执行生产任务
结构变更已领料未开工	通知分厂退料,回收生产任务,重新确认计划	办理退料	办理退料手续,重新编制生产作业计划
结构变更(零件加工)已领料已开工	生产的零件未来可用,要求车间继续生产 追加临时任务	—	编制生产作业计划 生产的零件未来可用,则继续生产 如果正在生产的零件不可用,则走产品报废流程
结构变更(部件装配)已领料已开工	根据变更单修改计划领料单	办理退料	办理退料,领用新物料
推迟订单	生产任务已下达、未领料:回收并取消生产任务,根据销售订单需求日期进行订单承诺,重新编制计划 生产任务已下达、已领料:分厂办理完退料手续后,生产安全部回收并取消生产任务,根据销售订单需求日期进行订单承诺,重新编制计划 生产任务已开工:继续生产并办理完工入库	采购订单已生成未下达:取消采购订单,暂停采购 采购订单已下达:推迟交货 采购订单已到货:办理接收入库	生产任务已下达、已领料:退料到仓库 生产任务已开工:继续生产并办理完工入库
取消订单	生产任务已下达、未领料:回收并取消生产任务 生产任务已下达、已领料:车间退料完成后回收并取消生产任务 生产任务已开工:由公司决策是否继续生产,如果不继续生产,关闭生产任务,车间实物报废;如果继续生产,按正常任务执行	采购订单已生成未下达:取消采购订单 采购订单已下达:与供应商协商取消采购订单 采购订单已到货:办理接收入库	生产任务已下达、已领料:退料到仓库 生产任务已开工:由公司决策是否继续生产。如果不继续生产,关闭生产任务,车间实物报废;如果继续生产,按正常任务执行

（2）细化生产领料管理，不同物料采取不同管理方式（见表2-36），实现限额领料

对于上线产品，通过系统生成的领料计划控制发料。

油漆、原材料等按重量计量的物料采用超领限额方式。按整数计量的物料采用直接限额领料方式。

对于未上线产品，通过系统中的领料申请控制发料。

表 2-36　领料申请管理方式

管理方式	适用物料
直接限额领料	对制造 BOM 中的按照整数计量单位（如件、个）保存和生产领用出库的物料
超领限额领料	对制造 BOM 中的油漆、电线、原材料等按重量、长度等计量的物料或整包装的物料，采用超领限额管理方式进行领料
申请限额领料	耗用量大、价值低的物料，没有在制造 BOM 中制定消耗定额的物料通过领料申请单的审批进行限额领料

在领用时，按照整包装超领出库，对于多领的部分系统自动记录在车间超领余额账上，下次生成生产领料单时，系统首先消耗车间的超领量，不足的情况下才会生成生产领料单，再到仓库进行领用。

（3）完善外协业务流程（见表 2-37），在系统中建立外协台账，加强外协管理

表 2-37　外协业务流程

外协类型		工艺技术研究所	生产安全部	生产安全部外协调度员	分厂
工艺外协	零件外协	确定工艺外协行程	1）寻找外协供应商并组织进行合格供方评审 2）签订外协协议	1）通知外协厂商领料及返回 2）组织办理零件外协的领料和外协完工入库 3）外协件返回的接收清点，外协件质检 4）办理零件外协的领料和外协完工入库交接手续	
	工序外协	确定外协工序	1）寻找外协供应商并组织进行合格供方评审 2）签订外协协议	1）通知外协厂商领料及返回 2）配合分厂同外协单位进行工序外协交接 3）办理工序外协交接手续 4）外协物料的发出、外协件返回的接收清点、外协件质检	与生产安全部外协调度进行产品交接

（续）

外协 类型	工艺技术研究所		生产安全部	生产安全部 外协调度员	分厂
能力外协	零件外协	审核外协 厂家的工艺 能力	1）审核能力外协 申请 2）调整零件外协	同工艺、零件外协	能力外协 申请
	工序外协	审核外协 厂家的工艺 能力	1）审核能力外协 申请 2）调整工序能力 外协	同工艺、工序外协	能力外协 申请；其他同 工艺、工序 外协

1）通过系统管理外协物料台账和在制品台账，降低管理难度。外协单位领料出库后，系统自动增加外协单位的车间物料在制；外协单位完工后，自动减少外协单位的物料在制，增加产品在制；外协完工产品入库后，系统自动减少车间产品在制，保证了外协单位在制情况的准确性。

在系统实施上线时，零件外协和工序外协要求必须和外协厂商签订外协协议并录入系统中：a）购销类外协业务要求企业和外协单位签订发出原材料或毛坯的销售协议以及产品的采购协议；b）加工类外协业务要求企业和外协单位签订委外加工协议，在系统中录入采购协议，协议单价为物料的加工费单价。

2）建议设立外协库。建议设置固定的外协件存储区域作为外协库，零件外协类外协件纳入外协库进行管理，办理完工入库和领料出库手续。工序外协类零件返回后也可在此区域暂存，质检完成后和分厂办理工序交接，不需要办理入出库手续。

3）建议增加生产安全部外协调度管理人员。目前生产安全部外协调度人手不足，建议增加生产安全部外协调度管理人员，驻各分厂负责外协件的发出、接收和协助质检。

4）规范外协业务管理。不带料外协都定义为标准采购业务，工装采购由生产安全部负责，其他由物资管理部负责，按采购标准流程执行。带料外协业务由生产安全部负责。

工艺外协由工艺技术研究所确定，在工艺路线中体现，不需要分厂提出外协申请；已下达车间生产任务的能力外协由分厂提出申请，生产安全部负责审核。工艺技术研究所负责外协厂家的工艺能力审核。

5）完善能力外协业务流程。完善后的能力外协业务流程如图 2-41 所示。能力外协业务流程的运转要求见表 2-38。

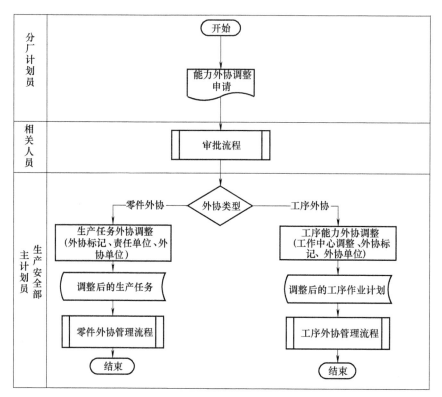

图 2-41　完善后的能力外协业务流程

表 2-38　能力外协业务流程的运转要求

流程运转要求	详细内容
关键控制点	当车间生产能力不足时,需要将工序或零件调整至外协厂商进行加工,由分厂计划员填写外协申请单,提交至生产安全部主计划员 生产安全部主计划员按照审批流程组织进行审批。审批通过后,由主计划员在系统中进行零件外协调整和工序外协调整
流程运转的制度要求	分厂能力不足、需要外协时,必须严格按流程提交外协申请单。审批通过后方可进行下一步工作

（4）优化车间在制品管理及生产派工、报工管理、废品管理，在系统中及时准确地反馈各分厂生产动态信息

1）在系统中建立车间物料在制账和产品在制账，加强车间物料在制和产品在制的管理。

生产领料到车间增加物料在制，任务完工后自动按照消耗定额冲减物料在制，增加产品在制，生成成本消耗流水账。要求车间每月进行在产盘点，保障账实相符，及时处理盘盈盘亏，冲减成本流水账。

通过车间在制品账实相符率的日常监控，及时暴露和处理生产过程中发生的异常情况。通过系统建立车间在制品台账，监控车间生产领用、车间物料消耗、车间完工、完工入库等信息，使得生产管理人员能够及时获得车间的领料量、消耗量、结存量等信息。

2）将物料报废和产品报废纳入系统进行管理。

通过系统进行物料报废管理，自动生成补料单，否则不能进行领料出库。

产品报废时，系统自动产生补废计划，由生产计划员确定是否需要下达补废生产任务。

将物料报废和产品报废纳入系统进行管理可以有效控制废品补领料，还可以在此基础上分析物料报废和产品报废产生的原因，及时采取相关措施，降低废品率。

物料报废和产品报废由质量保证部驻生产单位检查员确认后生效。

3）在规定时间内完成生产完工汇报，准确反映车间生产进展情况。

班组在生产完毕之后应在半日内填写工票并提交统计员，由统计员进行完工汇报，最晚本班次结束前完成报工，以便可以及时进行质检和合格判定处理，也使各级生产管理人员能够及时了解生产完工信息，为管理决策提供有效的数据支撑。

4）增加业务流程中的控制点，细化车间作业管理，保证信息流和物流的同步。

控制工序报工：控制工序间的报工，即要求后序报工时前序必须已经报工完成。

不领料不能报工：产品在制确认点进行完工汇报时，如果领料单没有领料完成，不允许在系统中进行报工。

任务入库检查完工量：完工入库记账时，检查入库量是否大于等于任务的完工量。

5）对生产过程中不同的实物流转类型采用不同的管理方式，实现自制半成品全部进行完工入库和生产领料，保证物流和信息流同步。

对于跨车间实物不入库直接流转到下游车间的物料，通过直送交接功能实现实物不入库，系统自动办理上游车间零件的完工入库和下游车间的生产领料手续，形成入出库流水账。

父子项生产同在一个车间的生产任务，在父项任务进行报工时，系统自动办理子项任务的完工入库和父项任务的生产领料出库手续，形成入出库流水账。

6）建立工序交接台账，细化成本核算。通过系统办理工序交接手续，生成内部协作工序交接台账和外部协作工序交接台账。

7) 设置待处理库。设置待处理库，将车间在制品中的待处理品纳入待处理库进行管理，不作为生产计划编制的可用资源。

（5）建立和优化自制、采购物料的期量标准　在系统中定期维护和优化自制、采购物料的期量标准数据，包括批量政策、生产提前期和采购提前期；实际数据变化较大时，由生产安全部主计划员组织期量标准的调整，车间、采购部门配合进行。期量标准调整内容经生产安全部主管领导批准后由生产安全部主计划员在系统中进行更新。

（6）下料管理　将物资管理部下料作为生产车间进行管理，对下料件进行编码，单独下达生产任务。

对下料件进行编码、单独下达生产任务有以下优点：

1) 使物料管理更清晰，有利于限额领料。下料件所用原材料采购和库存管理一般按重量计量，下料后的毛坯和加工后的零件都按件计量。对下料件进行编码，使物料计量单位的转换和实际生产过程一致，物料管理更清晰，使限额发料更易于操作。

2) 使零件成本核算更合理。对下料件进行单独编码，可以将下料相关的费用作为制造费用计入下料件成本并进而计入零件的制造成本，使零件的成本核算更合理。

要求：

1) 工艺部门为下料件制定材料定额和相应的工艺路线。

2) 下料任务完工后无论实物是否入库都应办理完工入库手续。下料车间完工后办理完工入库手续，配件厂、风源产品事业部等分厂领料时办理生产领料出库手续，对应库房为半成品库。

8. 财务管理

财务管理整体流程如图 2-42 所示。

针对财务管理实施目标，我们提出如图 2-43 所示的解决方案。

（1）应收应付管理

1) 规范外协报销业务流程（见表 2-39）。

2) 及时进行外协暂估处理（见表 2-40）。

3) 通过系统加强销售开票内控。规范销售提货出库业务，具体可参见"产品销售提货流程"与"销售提货出库流程"。经营财务部收入会计需同时依据营销部销售会计提供的销售出库单、发票请购单，在系统中查询相应的应收单据和销售合同，当发票请购单开票数量不大于应收单据数量，发票请购单开票单价与销售合同单价一致时方可开具纸质销售发票。通过系统控制开票，减少手工控制带来的未出库多开票的情况，保证开票信息的准确。

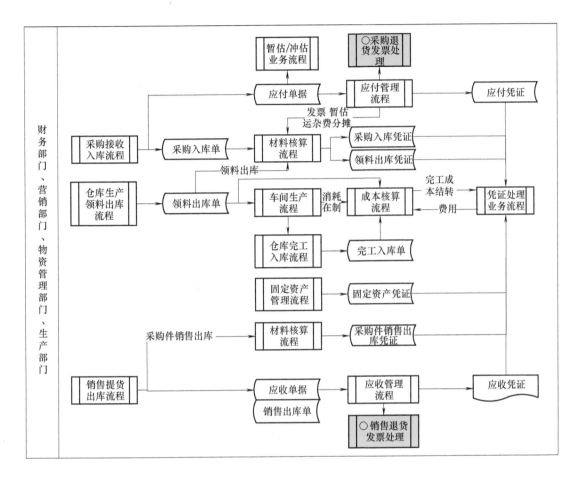

图 2-42　财务管理整体流程

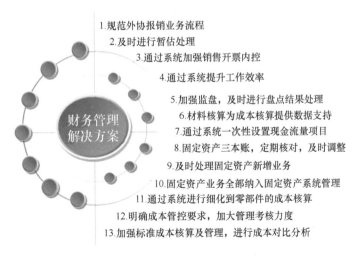

1.规范外协报销业务流程

2.及时进行暂估处理

3.通过系统加强销售开票内控

4.通过系统提升工作效率

5.加强监盘，及时进行盘点结果处理

6.材料核算为成本核算提供数据支持

7.通过系统一次性设置现金流量项目

8.固定资产三本账，定期核对，及时调整

9.及时处理固定资产新增业务

10.固定资产业务全部纳入固定资产系统管理

11.通过系统进行细化到零部件的成本核算

12.明确成本管控要求，加大管理考核力度

13.加强标准成本核算及管理，进行成本对比分析

图 2-43　财务管理解决方案

表 2-39　外协业务报销流程

外协业务	业务处理
购销类零件外协	购销类外协通过生产任务办理购销类外协领料出库,同时产生应收单据,在应收系统办理外协开票业务,确认应收账款。加工方按照外协约定的时间加工完毕后,办理购销类外协交接入库,同时产生应付单据,在应付系统中办理外协报销业务,确认应付账款。企业与加工方约定好每月抵账一次,抵账后的差额为加工费,通过应付系统的付款业务进行加工费支付
加工类零件外协	外协员按照外协协议通过生产任务办理外协领料出库,加工方按照外协约定的时间加工完毕后,通过外协交接方式办理入库,同时产生应付单据,外协发票到达企业后,在应付系统进行外协报销业务处理,确认应付账款
工序外协	外协员按照工序外协的协议,通过工序交接办理出入库,接收单位、发送单位为加工方,同时产生应付单据,外协发票到达企业后,在应付系统进行外协报销业务处理,确认应付账款
特殊处理(配件厂)	配件厂产品未纳入一期上线范围,若其他分厂与配件厂委托同一外协厂商进行外协加工,建议要求外协厂商单独开具配件厂外协加工费发票,通过物流系统入出库数据在总账系统编制相关凭证,配件厂在成本核算时手工将加工费摊到外协件成本中

表 2-40　外协暂估处理

分类	业务处理
采购件	货到票未到情况下,不管实物是否急需领用,都要及时办理入库,月末按照计划价格及时进行暂估,发票到达企业后办理冲估与采购报销业务,保证原材料账实相符
外协件	对于外协件加工费发票到达企业不及时的情况,要求外协件与外协加工费发票同期到达。当发票当期未到达企业时,要求生产安全部外协员出具说明文档,主管外协副部长签字确认,月末对已入库但发票未到的外协件按照协议价(可将外协协议价格定为计划价)进行暂估,使加工费与实物相对应,以保证账实相符。暂估金额与发票实际金额如有差异,则在当期完工产品中进行分摊

4）通过系统提升工作效率。提升内容见表 2-41。

表 2-41　提升内容

提升方面	具体内容
简化发票关联查询	应收系统可按照市场分类设置不同的票据类型,按照产品分类设置业务大类。营销部销售会计在应收系统进行发票录入时,选择相应业务大类与票据类型,发票号为纸质发票号 经营财务部收入会计在应收系统中对发票进行记账,生成凭证时,由于应收账款科目按照客户、部门进行辅助核算,系统会自动带出客户与部门信息,不必在摘要中手工录入客户与产品分类信息,也不必在凭证备注中录入系统发票号信息,系统可自动由凭证关联查询到发票信息,凭证中也可以自动显示出客户、部门等辅助核算信息,还可以按照业务大类与票据类型查询到不同市场分类与产品分类的发票信息,简化所有关联数据的查询,从而提高财务人员的工作效率
回款/付款与发票核销,自动分析账龄	1)发票参照应收/应付单据生成,能够清晰查看到已入库未来票的采购业务信息与已发货出库未开具发票的销售业务信息 2)相应的回款/付款业务在应收/应付系统处理,并要求与发票进行核销,自动实现准确的账龄分析,为回款/付款计划管理提供依据 3)回款/付款业务凭证在应收/应付系统自动生成并传递到总账,从而减少手工录入凭证的工作量,降低出错风险

（2）材料核算

1）加强监盘，及时进行盘点结果处理（见表2-42）。

表 2-42　材料核算业务盘点

分类	业务处理
存货月、季度盘点	经营财务部定期对各项存货进行监察与抽点,对物资管理部提交的盘点盈亏报告提出处理意见,并及时对盘点差异进行账务处理,以保证存货的准确核算与账实相符
年度盘点	需由经营财务部起草盘点计划,并负责召集相关单位按照《物资仓库管理办法》规定的盘点流程进行年度盘点,抽盘无误后,由物资管理部将盘点盈亏报告报送经营财务部,经营财务部于指定工作日内完成汇总工作并提出账务处理意见,一同交财务副总批复,材料核算人员依据批复结果,于指定工作日内完成账务调整,以保证存货的准确核算与账实相符

2）材料核算为成本核算提供数据支持。材料核算系统月末进行个别差异率计算后，自动将个别差异率写入库存系统领料出库单，成本核算系统可直接读取计算完差异率的领料出库单数据，自动完成领料数据的归集，有效利用系统核算结果，避免手工二次核算，从而减少财务人员工作量，提高材料成本的准确度。

（3）财务总账管理　财务总账系统使用直接法进行现金流量统计，即对现金类科目所对应的科目进行现金流量项目设置，该设置在总账系统启用前一次性完成，通过过滤功能，自动对收付类凭证进行筛选，并按照初始化设置为相应会计科目匹配到现金流量项目。不必每次手工对现金类科目设置现金流量项目，减少财务人员工作量，避免了手工设置现金流量项目出错的风险。

（4）固定资产管理

1）固定资产三本账定期核对及时调整。调整资产管理部设备台账范围，包含公司所有归口的固定资产。固定资产相关业务单据同时传递到经营财务部、资产管理部与使用部门，三方依据业务单据及时做相应资产卡片与台账的调整，并定期（一季度或半年）核对三本账与实物是否一致，若不一致应分析原因并完成调账，保证三本账与实物相符。系统上线切换时以固定资产实际盘点结果为准进行期初登账，经营财务部、资产管理部、资产使用部门根据盘点结果调整相关台账。

2）及时处理固定资产新增业务。固定资产处理方式和要求见表2-43。

表 2-43　固定资产处理方式和要求

相关建议	详细内容
改变处理方式	转固时发票未到,先对固定资产价值进行暂估,按暂估价值入账,保证转固业务及时处理;发票到达后,按固定资产实际价值与暂估价值的差额进行资产原值调整
添加制度要求	资产管理部对提交的《固定资产移交记录单》信息的完整性负责 规定资产管理部在经营财务部完成固定资产卡片登账后才可将设备转入在用

3）固定资产业务全部纳入固定资产系统管理。固定资产增加、属性变化、价值变动、折旧计提业务都在固定资产子系统进行处理，相关凭证在固定资产系统中自动生成，并传递到财务总账系统，减少手工录入凭证的工作量，降低出错风险。

（5）成本核算

1）通过系统进行零部件的实际成本核算。通过系统，将物流、生产与成本核算进行紧密集成，实际成本核算采用分项逐步结转法计算零部件成本，通过不同的成本明细项目划分，从采购件开始，按照成本明细项目向上层自制件结转成本，自制件的各项工资、制造费用、外协费等也分项列示，向上继续结转，所以不用进行自制件成本还原，计算结果细化到每个零部件，能够简单、高效地进行相关的成本构成分析。

如图 2-44 所示，以风源产品事业部的主机成本核算为例，最终核算出的主机成本可以区分人工、制造费用、材料消耗、废品损失等，这样一旦发生成本波动，就可以直接分析哪类成本偏高，并且可以按照 BOM 结构追查具体哪个零部件成本波动导致最终产品成本波动，为产品整体成本管控提供依据。

实际成本系统上线后，成本核算方式有比较大的变化，最大的区别在于所有在系统中管理的业务数据，可以自动从各个业务系统中进行汇总，减少人工的工作量。同时，采用计算机自动核算，可以在制定好相应的分摊规则后实现快速、准确、自动核算，避免出现错误。成本核算的业务过程如图 2-45 所示。

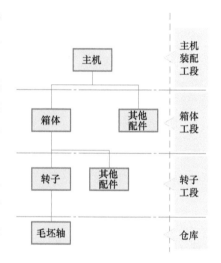

图 2-44　风源产品事业部主机结构

各分厂生产的产品通过系统管理的程度不一，核算方式也不同，见表 2-44。

2）明确成本管控要求，加大管理考核力度。对于影响成本真实性的一些因素，比如未领料就报完工导致成本归集失真，以及未限额领料导致成本不稳定等问题，可以通过物流及生产系统的一些相关控制在系统中进行固化，从技术角度控制此种问题不再发生。但是同时也应该加大管理考核的力度，保证成本的真实准确。

3）加强标准成本核算及管理，进行成本对比分析。为了能够对实际成本进行分析，应对主要产品的标准成本进行核算及分析。标准成本核算由经营财务

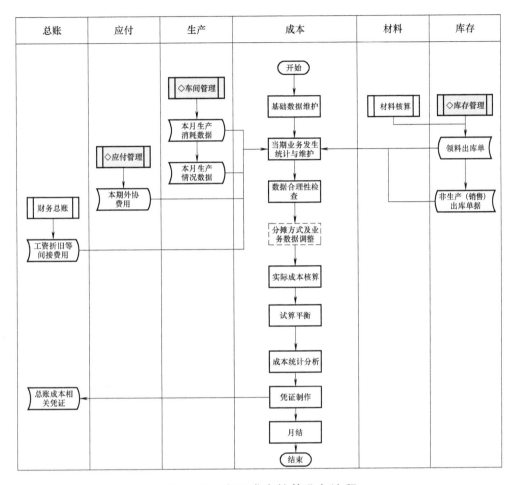

图 2-45 实际成本核算业务流程

表 2-44 各分厂材料核算方式

部门	实际成本核算方式
各分厂	1）如果产品的物料属性、产品结构、工艺路线数据准备完整并准确，且通过生产、物流、财务系统管理，则按照"上线产品"成本计算，使用分项逐步结转法，核算到零部件级的物料成本 2）如果产品的基础数据不完整，只通过物流、财务系统管理，未通过生产系统管理，则按照"未上线产品"成本计算，设置工作令号，使用平行结转法，归集工作令号发生的领料、间接费用、外协费用等成本 注：工作令号的设置规则及上线产品范围见生产方案相关描述。每个分厂可以兼用上述两种核算方式。但是上线产品必须保证 BOM 结构的自制节点都上线，避免出现上线产品领用未上线产品，导致成本无法核算的情况出现。当未上线产品领用未上线零部件时，未上线零部件成本由原有手工方式核算，办理申请入库；未上线产品成本通过系统进行核算
热处理工段	1）对于热处理工段之类的辅助车间，在系统中建立独立的虚拟车间，各项费用按照工时比例从所在分厂中区分开录入系统，单独进行成本核算，以保证产品成本的准确性及稳定性 2）将工序协作纳入系统中进行管理，及时在系统中办理交接手续，成本系统就可以根据交接账本及相应的费用分配方式自动计算工序协作成本，将费用按照实际价互转，避免由于内部结算价的偏差造成的成本波动

部成本会计负责，在系统中进行，可以采用逐步扩大的方式进行，先核算主要产品的标准成本，之后再逐步细化到零部件。

标准成本核算方法为分项逐步结转法。在核算完分项的产品标准成本后，可以与实际成本进行相关的对比分析，以找到成本偏差的原因，进行相应的管理考核及成本控制。

标准成本根据各种既定数据核算，对基础数据的完整性和准确性要求较高。

核算标准成本准确，必须达到表 2-45 所示要求。

表 2-45　核算标准成本要求

关注项	要　求
产品结构	产品 BOM 完整,且 BOM 中的每个物料的物料属性完整并准确
计划价、费率、外协单价	采购件的计划价、各项费用的费率、各类外协业务的单价应尽量准确、可用,否则计算出来的标准成本没有参考价值。经营财务部、人力资源部、生产安全部等相关部门应定期调整这些数据,使其接近市场真实情况
工艺路线	工艺路线完整,定额工时应尽量准确

2.6.4　项目实施效果

1）通过 MDM 接口、集成制造接口的实施应用，物料编码由集团统一下发，制造 BOM 在 PLM 搭建完成通过 CIMS 接口检查传入 ERP 系统，保证了数出一家，规范了企业基础数据的管理，使得企业基础管理水平有了很大的提高。

2）采购管理子系统的实施，明确了采购业务流程，重新规划了岗位职责，大部分采购计划来源于系统，采购业务相对透明，同时弥补了以往没有暂估账的缺陷，为财务仓库资金管理提供了相对准确的暂估数据，为有效降低库存提供了依据。

3）从 ERP 系统准备试运行开始，组织对相关库房管理人员进行 ERP 管理理念、管理知识的培训，在 ERP 管理理念的指导下，库房管理人员的数据准确性意识得到了提高，能在日常的库存业务处理中力求数据准确，并对所管物料进行日常清理，使账实相符达到 ERP 系统运行的要求。

4）销售系统的实施，明晰了管理职能，使销售订单、发货信息、应收账款等销售业务数据得以共享，为财务的资金管理提供了依据，为生产计划的安排提供了来源。

5）通过财务、业务一体化，使物流和财务的数据保持一致，物资、财务信息共享，为财务人员逐步向管理会计转型提供基础。目标是借助 RS10 系统平台，针对财务管理和核算过程中反映出来的异常情况，发现管理工作存在的问题，提出改进建议，参与解决方案的制定，并使之成为良性循环，促进整体管理水平的稳步提升。现阶段管理会计还未完全掌握系统平台的逻辑，部分功能未发挥到预期效果。

6）主需求计划、主生产计划、MRP（物料需求计划）系统的实施，明确了管理职能，通过统一编制预测和订单的需求计划和物料需求计划，提高了生产计划编制的效率和准确性，避免了人为编制时产生的差错。

7）生产任务、车间作业、车间统计系统的实施，明确了生产计划执行过程中的业务流程，通过对各业务节点的开工、报工等进行控制，使得相关人员及时监控生产进度情况，减少了人为沟通，生产更加有序。

8）通过系统自动核算实际成本，减少了原有手工核算成本的工作量，并且成本核算来源于物流生产发生的准确数据，使得成本核算结果更加符合实际。成本会计能借助 RS10 管理平台，进行成本分析，为企业控制成本提供有效的依据。

2.6.5　项目总结

在北自所项目组和企业项目组的精诚协作下，按照项目目标，北自所 ERP 系统共包含工程数据、集成制造接口、MDM 接口、系统管理、物流系统（库存、采购、销售）、生产系统（主需求、主生产、物料需求、车间任务、车间作业、车间统计）、财务系统（应收、应付、材料核算、固定资产、总账、标准成本、实际成本）、工作流平台、质量管理等共 22 个子系统，经过 8 个月的上线业务实际操作验证，覆盖主业产品 121 个，超过最初确定的 63 个产品。该 ERP 项目为企业建立了一套高效的企业资源计划系统，根据需求进行了合理且高效的客户化设计，提高了企业基础管理水平；明确了各生产模块的业务流程，通过财业一体化使物流和财务数据保持一致；借助 RS10 系统平台，针对反映出的异常情况，不断改进，形成良性循环，促进整体管理水平稳步提升。

北自所致力于制造业领域自动化、智能化、信息化、集成化技术的创新、研究、开发和应用，为客户提供从开发、设计、制造、安装到服务的整体解决方案，是制造业企业集成化装备和系统解决方案的提供者。软件技术工程事业部专注于制造业信息化和管理咨询，关注企业管理提升，重点关注企业流程优化与再造、集团管控，并结合基于战略目标的组织设计、绩效管理、人力资源管理和 IT 规划等内容，为企业提供一整套全面有效的管理解决方案，并以具有自主知识产权的 RS10 管理软件帮助企业实现管理理念的变革，提升企业管理水平，增强企业核心竞争力。北自所秉承"诚信为本，服务创新"的经营理念和"提供增值服务，提升客户效益"的服务理念，以一流的技术、产品和服务，为行业的技术进步和企业的经济发展贡献力量。

2.7 案例七：面向军工行业的系统集成建设方案

2.7.1 项目概述

该企业每年承担着大量军品生产任务，坚持企业宗旨，正在从产品研发、市场开拓、内部管理机制的改革等多方面入手，逐步实现公司制定的核心战略，向着大型现代化制造企业的目标不断迈进。

正是在这种背景下，为了提高企业整体管理水平，提高企业的竞争能力，挖掘生产经营各环节潜力，进一步降低生产成本，提高产品质量，将企业发展成为具有行业先进水平的现代化企业，决定引进先进的管理思想和管理模式，建立实用有效的 ERP 系统。

北自所项目组在企业进行了详细的现场调研，收集了大量一手资料及各种详细信息。通过对企业的现状、管理模式和生产模式以及当前生产经营活动中的主要物流和信息流的分析，项目小组对企业的生产计划、采购计划、物流管理、成本核算、质量管理等业务流程有了比较充分与全面的认识。

2.7.2 项目需求分析

1. 生产管理

企业的生产计划是以专业计划为主线的台套计划管理模式。台套计划与零部件计划相比较，在计划的效率性上有明显的不足之处。台套计划是按产品的结构组成拆分成相关的产品配套件计划，而零部件计划则打破了产品台套的界限，通过中长期零部件计划和短期零部件计划的有效结合，形成合理科学的生产计划，使生产组织过程更为均衡，更为经济，对生产质量的提高也会产生间接的促进作用。

生产计划的准确性方面，在目前以手工业务为主的条件下，由于信息反馈的限制，生产部对于产品、半成品、原材料的库存信息，以及车间在制品、采购在途的信息不能及时准确掌握，因而难以编制精确的计划以指导生产。对于生产、采购提前期的计算和计划的调整更改，由于手工作业的限制，也难以做到快速展开计算，形成滚动生产计划。这些因素都大大制约了生产计划的准确性和效率性。

生产计划从生产部到各分厂，再由各分厂到内部车间，层层传递，层层分解，增加了信息传递沟通的环节和工作量。同时，也对信息的及时性和准确性提出了较高的需求。而在目前信息以手工业务处理为主的条件下，由于信息传递流程的冗长，使得信息质量无法满足要求，从而影响生产计划的准确性和执行效率。

信息沟通不畅的另外一个突出表现，是完工汇报反馈信息的及时性和准确性无法保证。目前，由于完工反馈信息不到位，造成生产调度和计划调整不便。生产调度为了获得完工反馈信息，花费了大量的工作时间与精力。以厂级调度为例，生产部调度室为了获取各分厂生产完工进度信息，需要大量的调度人员深入分厂现场实地了解情况。另外，生产过程中的废品鉴定和处理信息流程和速度也不能满足生产统计与调度的要求。

另外，由于各分厂之间存在着较多的关联，分厂之间有互供件和工序承接关系存在。在这种情况下，生产计划三级管理也给统一协调生产能力、生产资源、生产进度，以及统一更新调整生产计划带来比较大的困难。

2. 采购管理

采购计划编制需求来源，既有经营计划部的产品销售计划，又有生产部的专业计划、月份计划和临时计划。由于产品销售计划和专业计划是中长期计划，月份计划和临时计划是短期计划，不同的需求来源造成采购计划的无序性和不完整性。

由于粗计划是一个并不精确的采购计划，可能造成部分物资过量、过早采购，从而形成库存，占压资金。而月度缺料表是当月应当完成的采购任务，以满足生产需求。由于不同的物资采购周期不同，如果遇到采购周期较长的物资，也会给采购部门和生产部门带来较大的压力。因此，一方面按照粗计划进行采购，往往根据经验加大采购批量或过早提前采购；另一方面，由于计划的不完整性，仍然存在采购短缺的情况，需要按照缺料表补缺。可见，需要有一个统一科学的采购计划作为采购执行的依据，较好地去协调采购数量和采购时间，使采购库存达到合理的水平，减少库存浪费和资金占压。

在手工作业为主的条件下，信息的沟通和共享十分不便，造成采购计划编制缺乏及时准确的信息和数据的支持。这些信息与数据包括采购库存、采购在途、报废补料等。由于缺乏有力的数据支持，编制出的采购计划在科学性和准确性方面将受到很大的限制。

物资管理部在编制采购计划时，由综合科分发采购计划工作到各业务科室，各科室自行编制本科室的采购计划并执行。这样的流程造成各科室自己编制计划，自己执行计划的状况，不利于计划执行的责任明晰，也不利于对计划执行进度的考核和监督。另外，计划的分发编制也不利于采购资金的统一平衡规划使用。

由于手工作业条件的限制，采购计划的执行过程缺乏信息的及时反馈，也就缺乏对于采购执行过程的全程监控。这样不利于实时掌握采购进度，同时不利于对采购过程实施有效的跟踪和控制。

3. 物流管理

集团管理库房分别隶属于生产安全部和物资公司，其中生产安全部管理的库房是成品库和零件库（相对于各分厂来说是成品），物资公司管理着与生产配套的所有原材料、外协配套件库房。各分厂、车间存放的原材料是根据生产安全部的专业计划书从物资部库房领出的，数量不等，最多能达到半年的用量。

这种管理存在的问题主要有以下几方面：

1）库房管理层级多达三层，其中原材料在各级库房中都有存放，从价值角度来看，原材料从物资部的库房转移到了分厂或车间的库房，没有任何增值的环节。由于现阶段采用"领料即入成本"的核算原则，成本核算不一定能够真实反映当期损耗，因而，也不可能做到十分精确，需要年度成本平衡。

2）缺乏一个有效的部门统一管理集团内的物流。采购物资由物资部管理，半成品和在制品由分厂和车间管理，同时分厂和车间库房也存有部分准备投料的原材料，零件和成品由生产安全部管理。这种条块分割、各管一段的管理模式，不利于企业物流管理质量的提高。

3）由于集团没有统一的管理和要求，各分厂的领料权限比较混乱，三分厂是厂级领料，六分厂车间具有一定的领料权限。

4）各分厂现在按照生产安全部的专业计划书领料，由于手工作业的局限性，各分厂领料的随意性很大，并没有严格限额领料。

5）各库房的库存信息不能与相关部门及时沟通反馈，生产部、各分厂和财务部无法利用准确的库存动态信息服务于生产，极大地影响了各部门相关工作的开展和组织，这在领料环节中尤其突出。

6）对库存缺乏有效的分析和监控，目前仅仅采用定额封顶的方式确定库存资金的占用。

7）由于物资的领取和发放分别隶属于两个不同的部门，所以在领料、发料中必然且必须要设立相应的审批和登记环节，从而增加了领、发料流程的时间，降低了工作效率。

8）物资的采购、入库、保管、发放、领取由物资公司的计划员一人全面负责，缺乏相互的制约和监督。

9）由于缺乏现代管理手段和技术，各分厂设立的库房过多，占用了大量的人力和物力，不利于成本的削减。

4. 质量管理

针对质量检测数据进行的分析统计工作很少。利用质量检测统计数据对生产活动进行分析,进而提高产品合格率,对成本的降低具有很大的促进作用。大量的质量检测数据是最丰富、最生动的第一手质量管理数据,通过对其及时统计与分析,可以获得极有价值的质量信息。目前企业的检测内容很多,要靠手工进行检测,数据的统计分析很烦琐,工作量也非常大,所以目前进行的统计分析很少。目前对质量保证部考核内容也仅仅限于从错检率、漏检率等工作是否完成的角度来考核,如果能够加强对质量数据的统计和分析,势必将对企业的质量管理提升有一个极大的促进作用。

对出现废品向相关部门的反馈有时不太及时。按规定在检测员开出废品报废单后,应该在一至三天内将废品报废单通知到质保部、财务部、生产安全部和分厂,但实际中出现了超出三天的情况,影响了生产计划和成本核算的准确性。

目前对于供应商的供货质量没有进行综合全面的分析,无法根据供应商供货质量的变化进行动态监控。

5. 成本管理

成本核算流程存在以下问题:

1)成本二级管理,各分厂归集分配各自的产品成本,而集团财务部只核算产品大类成本,造成集团管理部门掌握的成本数据比较粗放,不能准确掌握产品零部件的生产成本,给成本分析和成本管理带来很大的不便。

2)定额成本采用逐步结转方法,可以细化核算到工序,但由于对实际成本只能做到核算产品大类成本,因此造成定额成本与实际成本的对比只能在产品大类成本的层面上进行,定额成本的成本控制和成本分析的细度不够,管理功用大大降低。

3)由于目前成本核算的手工作业条件的限制,分厂成本核算的归集与分配的工作量十分繁重,因此分厂对于产品零部件成本核算的细度和准确性受到很大的影响,不利于成本管理与成本控制。

4)生产领料不能做到限额领料,由于物料的多领,在月末成本核算中,并没有将各分厂多领的物料进行退库处理,造成成本核算不准确。

5)由于手工作业的条件限制,造成成本分析较少,特别是对费用的结构分析较粗略,在管理会计上存在薄弱环节。

2.7.3　项目总体设计

1. 生产管理

优化后的生产计划流程,生产安全部对于生产计划的管理和监督职能大大加强。生产部的生产计划主管部门，负责接收经营计划部（集团军品）和三分厂（外供军品配套件）的产品需求，作为编制生产计划的需求来源。

根据生产需求，生产部编制主生产计划，生成产品装配计划，再编制物料需求计划，然后进行生产能力平衡，最后下发产品、零部件的生产计划。

由于零部件生产计划是根据完整的物料清单（BOM）进行展开的，已经分解到明细的零部件，各分厂无须再执行零部件计划分解的工作。各分厂在接收零部件生产计划后，由各车间编制各自车间内部的班组作业计划，并执行生产任务。

以上的生产计划业务流程，可以通过 ERP 系统中的生产计划功能辅助进行。需要特别注意的是，生产部编制的零部件计划要保证合理科学的展望期。各生产车间在编制班组作业计划时，要注意计划对生产领料环节的影响，严格控制好计划的科学性和效率性，保证生产领料在时间、批量上的合理性。

2. 采购管理

优化后的采购计划业务流程，以物资管理部综合科为核心。物资部综合科根据生产部提供的产品零部件生产计划，结合技术中心的技术文件，统一编制采购计划。采购计划的编制借助 ERP 系统完成，计划包括两部分，即集团军品物资采购计划和三分厂自营军品物资采购计划。计划生成后，由综合科下发各业务科室执行采购，同时综合科履行对各业务科室的考核监督职责。

优化后采购计划的需求来源是生产部的生产计划，根据生产计划物资部需要定期编制采购计划，计划更新的频次应该根据实际生产需求确定合理的间隔时间。采购计划的编制应该形成严格的制度，加强采购计划的严肃性和制度性。

生产部的生产计划应该将中长期计划和短期计划都传达至物资部，物资部结合中长期计划和短期计划，根据不同物料的采购提前期，编制科学合理的采购计划。其中，中长期计划用于指导采购部门提前安排采购提前期较长的物料采购计划，短期计划用于指导采购部门较为精确地安排当期物料采购计划。对于较长采购周期物料、战略物资等，物资公司还应该注意在年度订货情况的基础上，对于采购数量和时间进行一定程度的调整，以备新增临时计划和计划变更情况的发生。

3. 物流管理

（1）仓储管理体系优化方案　目前管理先进的企业基本上形成了统一管理物流的集中管理模式，即由物流部统一管理企业基本生产过程所用的各种物料，负责验收入库、物料出库、配送直至成品发运，统管全过程的物流工作。这种方式有利于物料供应和生产计划管理的紧密结合，加强企业内部供应链的统一管理。

而物资采购部门负责选择供应商、统一向外订购、和供应商谈判价格、签订合同、办理付款手续等，不再负责仓储保管、发料审核和厂内配送等事务性工作。根据企业的现状，本着循序渐进、分步实施的原则，咨询组建议对企业物流管理实行分两阶段优化的方案：

第一阶段：利用 ERP 系统的功能，对库房管理体系和领发料流程进行优化。

第二阶段：从职能上对集团的物流实行统一管理，最终理顺全集团内部的物流管理。

（2）领发料流程优化　现代物流的建设主要包括两部分：信息流和物资流。针对企业内部的领发料流程来讲，信息流包括填写领料单、审核、登记等各环节；物资流包括下料、送料等。从整个流程运转情况来看，信息流的缓慢是整个领发料流程滞后于生产活动的主要原因。因此，流程优化的重点应该在于如何充分利用 ERP 系统的信息共享功能，对整个流程中的信息流进行优化；同时利用 ERP 系统的统计审核功能，减少人为的信息流动环节（审核、登记等），提高信息流的速度，进而提高整个流程的工作效率。

（3）在制品管理优化方案　在加工—装配型的工业企业中，做好在制品管理工作有着重要的意义。它是调节各个车间、工作地和各道工序之间的生产，组织各个生产环节之间平衡的一个重要杠杆。合理地控制在制品、半成品的储备量，做好保管工作，可以保证产品质量，节约流动资金，缩短生产周期，减少和避免积压。

在制品管理在企业中还处在一个非常薄弱的环节。目前在制品的统计采用倒推法（领回的原材料减去入库的成品数量的差额即在制品）。实际上各分厂领回部分原材料并没有投入生产，而是转存入分厂的库房，这部分现实中的原材料在账面上已经记入在制品。另外，由于手工统计的时差性，部分报废品也计为在制品。这种粗放的统计模式非常不利于各部门对生产进度的掌握。

在 ERP 系统上线后，利用系统的统计功能，可以做到对在制品的动态实时统计，其主要通过以下几个方面的统计来实现：

1）领料过程中的限额领料，保证了原材料领取即投入生产。

2）车间管理系统的完工汇报。

3）质量检测中出现废品情况。

4）半成品、成品的入库统计。

通过以上各方面的准确录入，可以使生产安全部、分厂等相关部门准确地实时掌握车间在制品情况。当然，这对各部门的原始信息和数据的录入提出了要求，各部门必须按照系统的要求准确及时录入，这样才能保证在制品信息的准确，进而为生产计划的制订和成本核算提供相应的基础数据。

咨询组建议集团应制定严格规章制度来规范原始信息的录入工作，并将此项工作作为绩效考核内容之一予以考核。

4. 质量管理

为解决上述手工管理条件下难以解决的问题，质量保证部可以通过 ERP 系统的运用，进一步提高质量管理工作水平，建立基于信息技术的更为先进的质量管理模式。

1）通过 ERP 系统中对质量基础信息的定义，包括对检测内容、检测项目、质量原因、质量反馈信息类型等的定义，为加强对企业的全面质量管理提供了基础信息的保证。

2）通过对外购原料的检验，将每次的检验数据、不合格品数据录入 ERP 系统中，为对供应商的供货质量进行分析提供了信息基础，由系统来统计与分析供货商在一段时间内的供货质量水平。

3）生产加工过程的质量检测欠缺对丰富的检测信息进行存储以便于分析与统计的能力。ERP 系统上线以后，将加工过程检测数据录入系统中，通过 ERP 系统的质量查询与分析功能，加强对生产加工过程的质量信息进行分析，为企业采取质量改进措施提供依据。为了减少单据的传递量，咨询组建议在检测现场将信息直接录入系统中，质量保证部通过信息共享进行分析统计。

4）加强对废品报废的反馈。当出现废品后，通过 ERP 系统在第一时间内反馈到相关部门，以利于各部门协同采取补救措施，确保生产进度的按时完成。

5）加强对用户质量反馈信息的管理。用户质量反馈信息对于促进产品质量的提高具有重要的意义。

5. 成本管理

成本是企业经济活动的综合反映，准确合理的成本核算是成本管理的基础。成本核算模式的转变往往伴随着生产计划与生产组织模式的改变。

生产计划由过去手工阶段的台套计划转变为用 MRP 思想编制的零部件计划以后，成本核算模式也应该由过去的二级管理、财务部以产成品大类成本为管理对象，转变为集中统一核算各级零部件成本与最终产成品成本。具体来说，成本核算业务流程优化要点如下：

（1）逐步结转方法进行实际成本核算　企业采用逐步结转的方法，按照产品的成本物料清单结构，从原材料开始向上归集，逐层核算实际成本。各种原材料、辅料等按照实际发生的情况进行归集，各种燃料、动力费等按实动工时进行费用分摊。在新的成本核算体系下，产品成本核算应该包括自制零部件成本和最终产品成本，以了解产品的各个组成部分真正的成本构成，为销售决策提供真实依据。

（2）采取标准成本与实际成本相结合的成本核算体系 标准成本核算的流程与实际成本一致，只是标准成本的计算依据是预先核定的标准价格费用，与实际成本不同。

标准成本实际上也是一种定额成本，根据标准工艺路线的加工时间、准备时间及标准工时折算率，以及外协工序发生的外协数量以及单位每种外协发生的单位费用，对物料清单逐级累加（先计算物料清单中低层代码最低的某一生产零件产品的增量成本，然后累加其所有直接子项的各成本项目的标准成本费用，更新生产零件产品的成本项目的标准成本，逐级向父项累加）计算物料清单每一零件产品的标准成本。

通过分别核算各种零部件和产成品的标准成本与实际成本，通过实际成本与标准成本的对比分析，找出实际成本与标准成本中的变化因素，为企业管理者进行成本控制与成本管理提供决策支持。

（3）加强成本管理中的控制作用 对于成本管理中的成本控制，是比较关键的一环，它很大程度上决定了降低产品成本的效果。集团财务部应充分发挥经营责任制考核的作用，在考核指标中重点突出成本节约指标，将成本考核与监督落到实处。同时要全员行动，让全体员工都能积极主动地降低成本，杜绝浪费。

2.7.4 项目实施效果

通过流程优化后，生产部成为生产计划管理和监督协调的核心部门，其职能的强化有助于企业军品生产管理职能的集中和加强。生产部可以在优化后的流程中发挥更好的统一计划、全局调度的职能，同时完善对于各生产单位、资源提供单位的监督考核机制，全面提高集团军品生产管理的绩效水平。

采购需求来源是生产部的零部件生产计划，更加真实地反映了物资需求，解决了采购计划的不完整和错漏问题。采购计划由 ERP 系统生成，相关数据通过系统实现共享，计划引入了数量和采购提前期的概念，保证了计划的高度精确性。采购计划的调整根据生产计划的调整和更新，运用当前的共享信息数据，借助 ERP 系统的高效运算，可以实现滚动计划。

采购计划的指令性和严肃性得到加强，严格的计划管理将提高企业的经营效益和资金利用。采购计划的管理责任归口部门更为明确，便于采购计划的统一管理、资源协调和监督控制，同时有利于明晰责任，有效开展对采购业务执行部门的绩效考核。

通过对业务流程的分析与优化，借助 ERP 系统的支持，新的质量管理方案为生产过程中的质量信息进行全面管理，包括从原材料、外协配套件、产品的加工过程质量控制数据到最终用户反馈质量信息，通过对质量数据的统计分析，可以将发生质量问题的原因提供给相关部门与领导，以便进行质量控制和技术改进，提高产品的质量。

1）提供了从原材料进厂、加工过程、成品、售后整个产品生命周期的质量管理与质量控制，对企业的生产经营进行全面综合的质量管理。

2）通过 ERP 系统非常方便的统计分析功能，分析质量问题的原因，使得对质量问题的分析更加简洁与实用。

3）通过 ERP 系统的统计功能，发现加工过程中哪些工段或阶段的问题较多，以便于采取改进措施，进一步提高产品质量，降低成本。

4）通过原料进厂检验以及与供应商过程的管理，加强了对供应商供货质量的管理，进而为对供应商全面综合管理提供了基础。

在成本控制方面，变成本二级管理为财务部一级管理，财务部准确掌握产品零部件的生产成本和产品成本，有利于成本分析和成本管理。标准（定额）成本和实际成本通过逐步结转方法，可以细化核算到各级零部件成本，标准成本与实际成本的对比分析可以在各级零部件成本的层面上进行，标准成本的目标成本控制和成本分析的管理功用大大提高。采用 ERP 成本核算子系统，将成本归集与分配的繁重计算工作从手工作业中解放出来，成本核算的细度和准确性大大提高，有利于成本管理与成本控制。生产领料根据生产计划任务做到限额领料，保证材料成本核算的准确性。通过 ERP 成本系统，可以加强成本分析的管理功能，加强成本费用的结构分析，为管理会计提供基础数据和决策依据。

2.7.5 项目总结

在北自所项目组和企业的精诚协作下，按照项目目标，经过长达数年的上线业务实际操作验证，双方有着高度的项目实施默契，最终圆满完成验收。

该 ERP 项目涉及范围广、周期长，主要围绕生产管理、采购管理、物流管理、质量管理、成本管理等为主要实施线路，根据调研和双方的一致协商，为企业建立了一套高效的企业资源计划系统，根据需求进行了合理且高效的客户化设计，提高了企业内部信息交流的便捷性和安全性；规范了各业务的流程，找出了各项流程的操作盲区，杜绝了账实不符的情况；同时借助 RS10 系统平台，针对反映出的异常情况，不断改进，形成良性循环，促进整体管理水平稳步提升，目前在生产、质量、成本方面效果最为显著。

第3章 智能生产线

3.1 案例一：400m/min 高速电镀锡生产线解决方案

3.1.1 项目概述

镀锡板是指两面镀有纯锡的冷轧低碳薄钢板或钢带，俗称马口铁，广泛应用于制罐、包装材料、冲压容器等行业（图3-1）。目前虽然有多种包装材料互相竞争，但高温消毒罐装食品和饮料仍然以镀锡板包装为主。

北自所自主创新开发的 400m/min 不溶性阳极法连续电镀锡生产线是国内首条全国产化机组，在不溶性阳极、变频电阻软熔工艺等关键技术上有所创新，获得发明专利授权 1 项（带钢连续电镀锡生产方法及设备）、实用新型专利授权 2 项

图 3-1 镀锡板包装盒

（一种带钢连续电镀锡设备和可熔性镀锡板边防护装置）、软件著作权 1 项（带钢连续电镀锡生产线控制系统软件 V1.0），在《轧钢》《中国冶金》等核心科技期刊发表论文 7 篇。该生产线填补了国内空白，达到国际先进水平，并拥有自主知识产权。

3.1.2 项目需求分析

2005 年以后我国新建的电镀锡生产线，大多是中低速生产线，由于生产率低、产品质量不稳定、环保处理分散、占用土地多等问题导致产能低、生产成本高而缺乏竞争力。业内把最大工艺速度高于 350m/min 的电镀锡线称为高速线。高速镀锡线较中低速镀锡线具有生产效率高、产品质量高和节能环保等优

点（见图 3-2）。但 2011 年前我国已建成的 6 条不溶性阳极法高速电镀锡生产线都是从国外引进的，耗资数亿元，而且交货期长。

图 3-2 高速电镀锡线（1）

相比于中低速生产线，研制 400m/min 高速生产线的主要问题和关键技术有：

1）高速运行容易造成带钢抖动和跑偏，影响带钢板形和电镀质量，同时厚度为 0.12mm 的带钢容易出现褶皱甚至断带。

2）软熔是电镀锡关键工艺之一，中低速电镀锡线采用电阻软熔加高频感应软熔的联合软熔工艺。但 400m/min 的高速电镀锡线，电阻软熔电源的加热功率约 4000kW，若再配备高频感应软熔装置，还需额外增加 23% 的加热功率。如此大的功率可能对电网造成不良影响，而且生产线升降速时，感应软熔的加热线圈很难随着软熔线移动，容易生成次品。

3）高速电镀锡线适合使用不溶性阳极技术，即电镀液中的二价锡离子由溶锡系统提供。不溶性阳极具有镀液成分稳定、镀层均匀、镀层表面质量高、操作维护简单等优点。而中低速电镀锡线使用可溶性阳极，即电镀液中的二价锡离子通过锡阳极的不断溶解而产生，其优点是投资少，缺点是阳极的间距不均匀，造成带钢在宽度方向镀层不均匀，带钢规格发生变化时，要根据带钢规格调整阳极板位置，劳动强度大；镀液成分不易控制；可溶性阳极技术不能满足市场上低锡涂层厚度（如 $0.2 \sim 0.4 g/m^2$）的要求。

4）带钢高速运行引起各个工作槽内液体飞溅和轴体泄漏。

5）高速电镀锡线对电镀锡的各个工艺参数控制要求更精准。

3.1.3 项目总体设计

高速电镀锡线的工艺流程是：开卷机组Ⅰ、Ⅱ→开卷夹送机Ⅰ、Ⅱ→双通道剪切机→双通道焊机→张紧机Ⅰ→入口活套→1#对中机构→张紧机Ⅱ→张力矫直机→张紧机Ⅲ→化学脱脂→电解脱脂→喷淋刷洗→电解酸洗→喷淋刷洗→2#对中机构→电镀锡→1#热风烘干→张紧机Ⅳ→软熔→电解钝化→2#热风烘干→静电涂油→张紧机Ⅴ→出口活套→3#对中机构→质量检查台→张紧机Ⅵ→测张机→剪切前夹送机→剪切机→卷取前转向Ⅰ、Ⅱ→卷取机组Ⅰ、Ⅱ。主要工艺流程如图 3-3 所示。

高速电镀锡线的控制系统结构如图 3-4 所示。

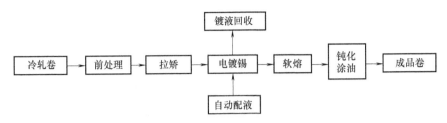

图 3-3 高速电镀锡线的主要工艺流程图

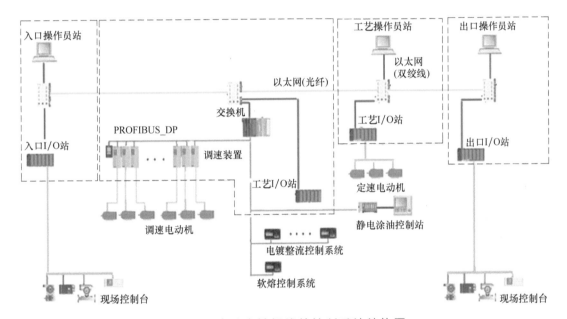

图 3-4 高速电镀锡线的控制系统结构图

项目总体实施步骤：项目实施分为方案设计、技术设计、施工设计、加工制造、现场安装调试、技术培训、试运行和项目验收等阶段，实施周期为一年半。

3.1.4 项目关键技术

1. 带钢高速（400m/min）运行平稳，不跑偏

生产线运行的带钢厚度为 0.12~0.5mm，高速运行容易造成带钢抖动和跑偏，影响带钢板形和电镀质量，同时厚度为 0.12mm 的薄带钢容易出现褶皱甚至断带。我们优化了全线传动设计和全线控制技术，使用直接与间接张力控制相结合的方式，并开发了张力闭环控制技术，张力控制误差≤±1%。

2. 适合高速电镀锡线的软熔工艺

软熔是电镀锡关键工艺之一，以前普遍采用工频电阻加高频感应的组合软熔工艺。但 400m/min 的高速电镀锡线，电阻软熔电源的加热功率约 4000kW，若再配备高频感应软熔装置，还需额外增加 23% 的加热功率。如此大的功率可能对电网造成不良影响，而且生产线升降速时，感应软熔的加热线圈很难随着软熔线移动，容易生成次品。我们创新发明了变频电阻软熔技术（发明专利），采用频率可调（50~200 Hz）的电阻软熔装置对镀锡后的带钢进行软熔，通过提高软熔电源的频率有效消除了低镀锡量镀锡板的木纹缺陷。不同工艺条件下，消除木纹缺陷所需要的电源最低频率值不同，线速度越高，消除木纹缺陷所需要的最低频率值越低，见表 3-1。提高该最低频率值，对镀层及板面没有发现不良影响。变频电源的输出频率变化与输出电压值（或电流值）无关。图 3-5、图 3-6 所示为高速电镀锡线。

表 3-1 不同工艺条件下，消除木纹缺陷所需要的电源最低频率值

线速度/ （m/min）	镀锡量/ （g/m²）	消除木纹缺陷所需要的 电源最低频率/Hz	电源的 输出电压/V
80	2.8	130	98
100	2.8	120	110
150	2.8	120	140
200	2.8	120	160
250	2.8	120	180
300	2.8	100	190
350	2.8	100	210
400	2.8	100	220
80	1.1	130	98
100	1.1	120	110
150	1.1	120	140
200	1.1	120	160
250	1.1	120	180
300	1.1	120	190
350	1.1	120	210
400	1.1	100	220

采用变频电阻软熔技术的优点是：

1）通过调整频率，能有效消除低镀锡量镀锡板的木纹缺陷。

2）该技术的适应性强。与目前普遍采用的工频电阻加高频感应的组合软熔相比，电镀锡线不再需要配置高频感应软熔装置，整个生产线的其他部分也不需要改变。

图 3-5　高速电镀锡线（2）

图 3-6　高速电镀锡线（3）

3）该装置的用电效率高，比采用电动机—发电机的方法提供的用电效率高大约 20%，能很好地满足高速镀锡线软熔大功率的要求，电源效率提高到 96%，大功率 3000kW 单相负载平衡供电功率因数大于 0.95，总谐波量小于 4%。

4）采用变频电阻软熔工艺、镀锡量为 $1.1g/m^2$ 和 $2.8g/m^2$ 的电镀锡板的硬度比组合软熔工艺的硬度都有不同程度的提高，即电镀锡板表面的抗划伤性提高了。而镀锡量为 $5.6g/m^2$ 的电镀锡板，采用两种软熔工艺处理后的硬度基本相同。

3. 适合高速电镀锡线的不溶性阳极技术和系统

中低速镀锡线采用可溶性阳极，即电镀液中的二价锡离子通过锡阳极的不断溶解而产生，其优点是投资少，缺点是阳极的间距不均匀，造成带钢在宽度方向镀层不均匀，带钢规格发生变化时，要根据带钢规格调整阳极板位置，劳动强度大；镀液成分不易控制；可溶性阳极技术不能满足市场上低锡涂层厚度（如 $0.2 \sim 0.4g/m^2$）的要求。

高速电镀锡线采用不溶性阳极，电镀液中的二价锡离子由溶锡系统提供。不溶性阳极具有镀液成分稳定、镀层均匀、镀层表面质量高、操作维护简单等优点。不溶性阳极技术和系统包括不溶性阳极、全自动边缘罩系统和溶锡系统。

不溶性阳极必须满足以下要求：

1）阳极基体不能有缺陷，否则容易引起电流集中。

2）涂层不能有气孔和裂纹，否则会大大缩短阳极的寿命。

3）涂层要尽量均匀。

经过研究，选择钛合金作为不溶性阳极的基体，极板表面镀二氧化铱，电极上开孔。开孔的目的是防止带钢碰擦阳极，并供给镀液。

当带钢宽度变化时，不溶性阳极无法像可溶性阳极一样随时进行调整，当对窄带钢进行电镀时，由于电流的边缘效应，容易造成白边和边部增厚等缺陷。因此，电镀槽要设计全自动边缘罩系统，边缘罩安装在每个道次带钢传动侧和操作侧，它能够防止带钢边缘和极板之间高磁场密度所引起的带钢边缘部分镀层超厚的现象，使生成的镀锡层比较均匀。

4. 适合高速电镀锡线的工作槽结构

针对带钢高速运行引起各个工作槽内液体的飞溅和轴体泄漏问题，专门设计了适合高速线的全新的槽体结构和密封方式，使用效果良好。

5. 锡铬铁新产品的生产

由于镀锡板的印涂性不强，在烘烤温度过高时，镀锡层融化，油墨往往经受不住机械加工及高温杀菌而脱落。锡铬铁是近几年出现的一种新产品，它是在锡层做软熔处理后，用氧化铬溶液在低锡量的镀锡板上镀上一层极薄的金属铬，形成锡铬铁产品。它既有镀铬板附着力强、印涂性能好的优点，又有镀锡板焊接性好的优点，不必考虑镀锡板的熔锡问题，可采用较高的烘烤温度，提高印涂生产效率。我们研究了锡铬铁产品的预处理工艺（采用 Na_2CO_3 作为工作液，使用弱碱电解处理方式，有效去除镀锡层表面氧化膜，避免产生对锡层的过多腐蚀。带钢表面的 SnO 中的 Sn^{2+} 在电流的作用下被还原成金属 Sn）和电镀工艺（在低锡量的镀锡层表面再镀一层极薄的金属铬层，其实质是电镀铬反应，采用铬酸和硫酸混合的工作液，通过控制电镀电流来调整电镀的电流密度），并成功生产出了合格的锡铬铁产品。图 3-7 所示为生产现场。

图 3-7　生产现场

6. 防止成品出现亮边或白边现象

电镀过程中，电流分布不均匀会导致带钢宽度方向的两侧板边的电流较集中，板边的镀锡量偏高，镀层厚度过大，从而导致成品镀锡带钢出现亮边或白边现象，既极大影响带钢的表面质量，也会降低带钢的焊接性能，影响成品质量。我们研制了一种可溶性镀锡板边防护装置（实用新型专利），能够有效降低带钢板边的电流集中程度，从而避免板边锡层厚度过大而出现亮边或白边现象，保证了成品质量和焊接性能。

7. 精准控制电镀锡的各个工艺参数

为了更精准地控制电镀锡的各个工艺参数，我们开发了专用的电镀锡工艺控制软件（获得软件著作权），主要技术有：

1）电镀电流自动平衡分配控制技术。

2）电镀电流密度自动控制技术。

3）基于焊缝跟踪位置的电镀电流预控技术。

4）软熔控制技术。

5）合金层控制技术。

6）高速带钢液阻张力补偿技术。

7）差厚电镀技术。

这些技术的开发使操作更简单、产品质量更可控，生产线如图3-8所示，生产线参数见表3-2。

图3-8　400m/min高速电镀锡生产线

表3-2　400m/min高速电镀锡生产线参数

序号	主要参数	技术指标
1	工艺段最高线速度	400m/min
2	年产量	200000t
3	带钢厚度	0.12~0.50mm
4	带钢宽度	700~1150mm
5	钢卷内径	ϕ508mm
6	钢卷最大外径	ϕ1900mm
7	钢卷最大重量	20t
8	产品等级	食品级镀锡卷
9	产品执行标准	GB/T 2520—2017

3.1.5　项目实施效果

北自所为河北钢铁集团衡水板业有限公司开发的20万t电镀锡机组是国内第一条不溶性阳极法高速连续电镀锡全国产化生产线，于2011年8月8日投产。该生产线的建成投产，不仅帮助用户实现了产品从杂罐类升级为食品类，产能从8万t提高到28万t，也为用户创造了显著的经济效益。该生产线（见图3-9）一直运行良好。此后，北自所先后为福建中日达金属有限公司、鹤山市华美金属制品有限公司、邯郸市金泰包装材料股份有限公司等建成了电镀锡生产线。

3.1.6 项目总结

北自所自主创新开发的 400m/min 不溶性阳极法连续电镀锡生产线是国内首条全国产化机组，填补了国内空白，达到国际先进水平。该生产线提升了整个行业的技术装备国产化和智能化水平，能替代进口生产线，且价格只有进口生产线的 1/4，能满足广大企业尤其是中小企业的投资需求，创造更多的就业岗位；该生产线的专利技术"变频电阻软熔技术"属于原始创新，既体现了我国

图 3-9　高速电镀锡生产线

科学技术的进步，也培养了一批具有创新精神的专业人才。

3.2 案例二：面向智能焊接生产线的解决方案

3.2.1 项目概述

智能制造是利用新一代信息技术对传统制造业生产方式和组织模式的创新，是我国制造业在发达国家先进技术优势和发展中国家低成本竞争双重挤压的情况下，进行产业结构调整，实现制造业由大转强历史性跨越的必然选择和现实需求。工程机械行业是离散型制造业，因配套复杂、生产组织难度大，对智能制造的需求更为迫切。叉车是工程机械中典型的产品，同时国内叉车行业存在品种多（一个车间需生产几十种甚至上百种型号）、批量小，且交货周期短（最快 3 天交货期）等特点，这就对叉车产品生产组织方式提出了更高要求，需要通过智能制造来实现行业跨越式发展。

叉车的主体为金属结构件车架。在整个生产制造过程中，焊接占用了大部分时间，提升车架焊接工艺，对于整个叉车生产显得尤为重要。

3.2.2 项目需求分析

车架焊接线主要完成车架结构件的制作任务，其生产工艺流程如图 3-10 所示。

由备料车间按照生产计划通过自动化搬运设备将物料送至小吨位事业部，采用搬运机器人实现油箱板料的自动上料；可基于生产任务自动排程，清洗后

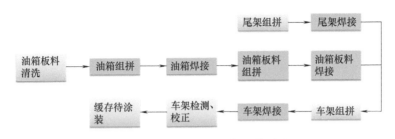

图 3-10 车架焊接生产工艺流程

的零件通过动力辊道输送至相应的油箱组拼工位；采用直角坐标式机器人、弧焊机器人等设备完成油箱的自动组拼、焊接；车间内自动化起重系统完成油箱板料组拼，焊接过程中的自动上、下料，采用旋转式双工位焊接变位机实现油箱板料焊接过程的人机协作；尾架、油箱板料、其他零部件在柔性化组焊胎具上完成车架的组拼，同时对车架进行编码；采用自动化焊接机器人对车架进行焊接，焊接完成后检测尺寸相关数据，并将检测数据信息与产品关联，通过智能运载小车将带有编码的车架暂存至缓存区等待涂装上件。车架焊接线工艺布局如图 3-11 所示。

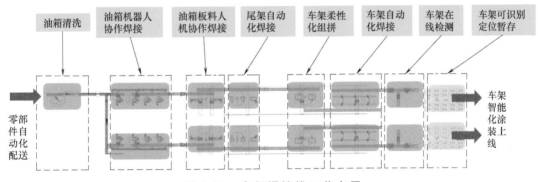

图 3-11 车架焊接线工艺布局

车架焊接过程中采用的关键制造技术包含以下几个方面：

1. 自动上下料系统

小吨位事业部车架焊接线采用国内先进的大中型结构件的自动上下料系统，主要包含车架内、外壁板的机器人自动上料；直角坐标式机器人、自动化起重系统等设备实现结构件焊接过程中各工序之间的自动转运；车架半成品结构件采用智能运载小车实现涂装自动上件。

2. 柔性化自动焊接系统

车架焊接生产过程中引入柔性化理念：一方面，加强三维柔性焊接胎具的研制，采用标准、通用的工装模块，在短时间内实现不同产品之间的灵活切换，缩短新产品焊接工装的开发周期，适应智能制造对产品个性化定制的需求；另一方面，焊接过程中采用柔性化机器人工作站，工装夹具与安装支座连接标准化，以适应柔性生产的要求，更换生产工件种类时，只需在触摸屏上选择相应的工件号，系统会自动调用相应的程序。

3. 焊接控制系统

控制系统主要包含：显示单元、操作单元、可编程控制器（PLC）、伺服驱动系统。控制系统可即时监测各部件的工作情况，具有变位机位置软、硬超限检测能力；焊接系统的过流、欠压、内部过热监测；控制出现故障时，能自动做出反应，根据情况停止故障部件的运行并报警，提醒操作员进行处理。

焊接系统中机器人和变位机可联动及单动运行；系统参数的设置由控制柜上的触摸屏来完成；每台变位机侧都设置有现场控制盒，可方便地控制变位机各轴的旋转，方便现场装夹操作。通过操作台上的功能键，可实现机器人的起动、停止、暂停、急停、程序选择等功能。

3.2.3　项目总体设计

车架结构件焊接生产线采用焊接变位机及工装夹具和机器人配合，自动完成对工件的焊接。工件通过搬运机械人抓取上线，焊接完成后再由搬运机器人自动抓取下线。

生产流程为：车架组装→贴车架物料信息码→组装完工件吊运至输送单元→人工在输送线上打底及安装焊接夹具用工装→车架物料信息确认（车架识别）→外部自动移载装备从输送线上料位取待焊车架→外部自动移载装备至焊接机器人工作站进行上下件工作→外部自动移载装备将焊接完工的车架移至下料输送线→补焊工位操作人员从下料输送线上取车架进行补焊（吊取车架时拆卸安装在车架上的工装）→补焊完毕后人工调至车架二焊接区。车架智能化焊接生产线布局如图3-12所示。

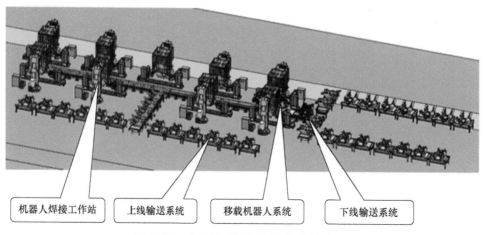

机器人焊接工作站　　上线输送系统　　移载机器人系统　　下线输送系统

图3-12　车架智能化焊接生产线布局

3.2.4　项目关键技术

关键技术 1：在线检测系统

车架结构件制造成形是叉车整机生产过程中的关键工序之一，对车架的尺寸要求比较严格，对车架进行检测是必不可少的环节。通过在线尺寸检测系统，实现焊接完成后的车架被转运至在线检测工位，通过专用的控制系统完成车间位置的准确定位，传感器按相关要求进行工作，计算机根据传感器传输的数据采集监测点的图像并进行相应的处理，计算值与数字信息进行对比，得出相应的检测结果，根据检测结果，车架被转运至不同的后续工位。使用车架在线检测系统可以很好地提高产品质量以及生产过程的自动化水平。

关键技术 2：焊缝寻位系统

焊接上一道焊缝结束后，机器人需要执行剪丝指令。剪丝装置通常安装在机器人第 1 轴上，目的是使机器人焊枪可以在最短的时间内到达剪丝位置。

关键技术 3：焊缝跟踪系统

在焊接厚板或角焊缝时，焊枪摆动，焊丝在焊缝中间位置的杆伸长量与在焊缝两边时不同，导致实际的焊接电流与设定的电流不同，杆伸长量越小，实际电流就越大，杆伸长量越大，实际电流就越小。利用这个原理，相应的软件实时处理检测到的电流变化、焊枪所处的位置，进而来修正机器人的实际轨迹，保证轨迹中心线始终在坡口中间，或者说在角焊缝的 45°位置线上；同时保证焊枪高度一致。

关键技术 4：焊接生产线信息化系统

控制方案分为三级架构：第一级为基础自动化级，也就是以西门子 PLC 系统作为控制核心的电气控制系统，该层级主要完成底层传感器的数据采集上传、执行机构的动作控制、现场设备的安全联锁、生产状态的实时显示等；第二级为过程控制级，采用工控机和组态软件结合的方式，满足工单执行、生产过程管理、线边物料管理、半成品转序管理、设备管理、质量管理、安灯系统等数字化生产线功能要求；第三级为生产管理级（上层 MES/ERP 系统），该级由甲方提供，乙方提供开放的数据接口，并配合完成甲方所需数据的集中整理和逻辑编程工作，从而实现全生产线自上而下的生产管控。

3.2.5　项目实施效果

车架智能焊接系统的实施，使叉车结构件制造有了巨大的工艺提升，并产生了巨大的经济效益和社会效益。

本项目的成功实施，使得合力集团在生产工艺自动化方面取得飞速发展，产能相比人工提升 40%，有效降低了质量控制的管理成本，同时保证了产品的稳定性，产品竞争力稳步提升。企业在智能制造理念、技术、管理等方面的探索和实践，拉动了叉车行业的整体制造水平，在行业内具有重要的示范作用。

3.2.6　项目总结

本项目经过长期工艺试验和生产验证，深入结合了叉车车架的生产工艺，采用国内先进的传感设备及算法，解决了机器人智能焊接、自动上下料、多套焊接工作站调配问题，完成了车架焊接的智能制造升级，直接提升了企业的生产效率，保证了关键工艺质量，解决了企业劳动力短缺及人工成本上升的难题，形成了一套标准的叉车部件智能焊接生产线的系统解决方案，不但带动了行业内的智能制造转型，后续还可以推广到其他行业。

3.3　案例三：面向飞机整机智能喷涂系统的解决方案

3.3.1　项目概述

航空制造业的快速发展对推动我国由航空大国向航空强国转变有着重大的战略意义，而智能化创新技术在航空制造业中的应用，将成为我国抢占国际竞争高地的重要举措。随着科技的发展和经济水平的提升，飞机整机涂装要求不断提高，其中最重要的就是涂装效果。影响飞机涂装效果、质量的因素很多，飞机整机智能涂装系统研发涉及多学科知识，如测试、涂料、材料等。

整机喷涂作业实现自动化工艺过程，符合行业未来的发展方向。

目前国际上最先进的战机特种涂料已采用机器人自动喷涂，但在全球民用飞机整机智能涂装领域，各行业巨头均停留于理论研究层面，未能推广到工程化应用阶段，可以说，国内外处于相同的起步点，因此目前是我国大型飞机整机自动化喷涂技术最佳的发展时机。

3.3.2　项目需求分析

飞机整机喷涂工艺在施工的过程中极易受到诸多因素的影响，因此现场每一步都需要精密的控制，包括飞机的移动定位、材料的搬运、施工的时间、环境控制以及工程进度等。某些方面的精度要求是人工无法达到的，所以在施工过程中必须有自动化、数字化的系统来进行控制。

飞机整机喷涂的关键技术如下：

1）整机涂装工程量巨大，因此需要多个机器人协同工作，并且要对多个机器人工作范围进行整体规划。

2）由于目前飞机进出喷涂厂房采用牵引车拖曳的方式，无法实现准确定位，需要开发以激光跟踪仪为测量元件的数字定位技术来检测飞机和喷涂设备之间的相对位置关系、修正机器人的喷涂轨迹，从而保证喷涂精度。

3）飞机整机喷涂涉及底漆、面漆、清漆三种涂料，不同的涂料具有不同的工艺特性，固化时间也不同。另外飞机外形复杂，不同的位置喷涂路径、喷涂时间不同。通过喷涂和固化工艺参数匹配性研究确定最佳的工艺参数，可实现喷涂设备的连续运行和涂层厚度的控制。

4）飞机整机喷涂为飞机制造的最后一道工序，如果喷涂设备与飞机机身发生碰撞，会造成不可估量的损失，所以，喷涂设备需具备完整的防碰撞系统。

3.3.3　项目总体设计

喷涂过程包括准备、喷涂、烘干和检测等工序。由于需多遍喷涂，故喷涂、烘干和检测需要多次重复进行，直至达到漆膜质量要求。

准备工序需要进行飞机机身外表面缺陷修复、打磨、清洗和遮挡保护。

喷涂工序包括导电漆、底漆、特种涂料、面漆和标记的多遍喷涂、烘干。喷涂过程中需进行漆面处理、涂层厚度及相关检测。喷涂流程如图 3-13 所示。

喷涂系统主要由定位系统、机身上表面喷漆系统、机身下表面喷漆系统、防碰撞系统和总体控制系统组成。喷涂系统布置如图 3-14 所示。

机身下表面喷漆系统主要由两台喷涂机器人、两台 AGV 组成。机器人安装在 AGV 上，由 AGV 背负到喷涂位置完成喷涂作业。机器人的供电、供气系统都集成在 AGV 上。

机身上表面喷涂系统由两套机器人和吊篮组成，分别布置在飞机两侧。

吊篮系统包括沿机身纵向运动的 X 轴、沿

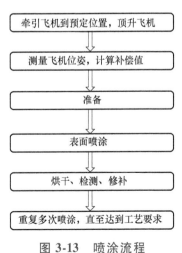

牵引飞机到预定位置，顶升飞机

↓

测量飞机位姿，计算补偿值

↓

准备

↓

表面喷涂

↓

烘干、检测、修补

↓

重复多次喷涂，直至达到工艺要求

图 3-13　喷涂流程

飞机横向运动的 Y 轴、沿飞机高度运动的 Z 轴和绕 Z 轴回转的 A 轴，喷涂机器人通过移动机构移动位置，从而最大限度地实现对飞机表面的覆盖。

喷涂时，吊篮机构带动机器人到达预先设定的位置后固定，由机器人完成一定区域的喷涂，移动机构运动到下一位置，机器人完成此区域喷涂作业，直至完成整个飞机上表面的喷涂。喷涂范围如图 3-15 所示。

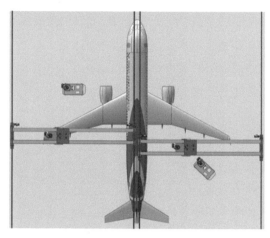

图 3-14　喷涂系统布置

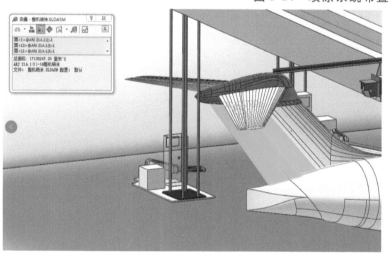

图 3-15　喷涂范围示意图

3.3.4　项目关键技术

该项目的关键技术为飞机的位姿检测及纠偏，可检测飞机和喷涂设备之间的相对位置关系，用以修正机器人喷涂轨迹，保证喷涂精度。飞机整机自动喷涂系统使用激光跟踪仪对飞机位姿进行检测。激光跟踪仪测量系统是工业测量系统中一种高精度的大尺寸测量仪器，可对空间运动目标进行跟踪并实时测量目标的空间三维坐标。它具有高精度、高效率、实时跟踪测量、安装快捷、操作简便等特点，适合大尺寸工件装配测量。

激光跟踪测量系统的基本原理是在目标点上安置一个反射靶球，主机跟踪头发出的激光射到反射靶球上，又返回到跟踪头，当目标移动时，跟踪头改变光束方向来跟踪对准目标。同时，返回光束为检测系统计算机所接收，用来确定目标点的空间位置。

机器人喷涂轨迹采用离线编程结合示教方式生成。机器人的坐标系一般分为大地坐标系、机器人坐标系和工件坐标系。飞机坐标系即工件坐标系，示教得到的机器人轨迹在工件坐标系下表示。

机器人示教工作在模拟件上完成，此时利用激光跟踪仪测量机器人原点位置和坐标轴的方向，以此定义机器人坐标系，之后测量模拟件上标记点在机器人坐标系下的坐标值，这些模拟件标记点的位置与真实飞机相对应，定义工件坐标系与机器人坐标系重合。

在喷涂真实飞机时，首先利用激光跟踪仪测量飞机上标记点的坐标值，计算得到飞机工件坐标系位置，之后测量机器人坐标系在飞机坐标系下的原点坐标和 X 轴、Y 轴矢量，最后计算出当前飞机与模拟工件位姿的偏差值传送到喷涂系统，通过机器人坐标变换系统自动计算出机器人喷涂系统的补偿量。

3.3.5 项目实施效果

全球尚在服役的民用飞机大约为 14200 架，每架飞机 30 年左右就必须重新喷涂，否则将会带来巨大的安全隐患。如此庞大的市场需求量，可以充分地证明此项技术具有非常巨大的未来前景和经济效益。相较于传统的人工喷涂，智能自动化喷涂作业既可以极大地提高生产率，又能降低喷涂作业对人体的损害。该项技术不仅能为飞机制造领域的发展提供基础保障，还可以应用到其他领域，以此来填补我国自动涂装领域的诸多空白。

3.3.6 项目总结

实现大型飞机整机涂装自动化，是我国航空航天产业实现智能制造的重大突破。飞机整机智能化涂装技术的应用与推广，对显著提升飞机涂装质量、涂装效率、绿色制造水平等有着积极的实践价值，对延长飞机服役周期、提升安全性意义重大。

3.4 案例四：4.6m 聚酯特种薄膜生产线改造方案

3.4.1 项目概述

光学聚酯薄膜简称光学膜，是为改变光学零件表面光学特性而镀在光学零件表面的一层或多层膜，具有雾度低、透光率高、表面光洁度高、厚度公差小等光学特性。光学膜主要用于高端液晶显示器材中的反射膜、扩散膜、增亮膜、抗静电保护膜、触摸屏中的保护膜以及软性显示器用膜等领域。

光学基膜作为多种光学膜（扩散膜、增亮膜）的基膜，被广泛应用到 LCD 面板中。它的性能直接决定了扩散膜、增亮膜等光学膜的性能，又因为它对自身的雾度、透光率、表面光洁度、厚度公差等光学性能有非常高的要求，光学基膜也成为光学膜领域技术壁垒最高的领域之一。

在液晶面板上游原材料中，光学膜在背光模组、偏光片、液晶材料中均有使用，如图 3-16 所示液晶模组最少可以用到 7~8 张具有不同功能的聚酯光学膜。

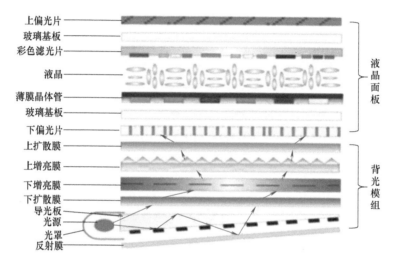

图 3-16　液晶模组构造图

以前我国光学膜领域基本处于技术空白期，光学膜严重依赖进口。某企业分别于 2011 年与 2013 年购买北自所两条 3.5m 宽幅聚酯特种薄膜生产线，以液晶显示光学反射膜为切入点，2012 年第一代反射膜问世；2013 年以反射膜技术为核心，国内首创全聚酯型太阳能背板；2014 年在反射膜挺度、平整度等核心指标上取得突破，开发出半导体照明用反射膜，填补了国内空白；2016 年，反射膜技术进一步迭代升级，反射膜技术达到国际领先水平；2017 年出货量全球排名第一。

2018 年，该企业进军技术壁垒更高、国外巨头垄断的光学基膜领域，进行技术储备；2019 年登陆科创板后第三次购买北自所聚酯特种薄膜生产线，幅宽 4.6m，速度 150m/min，厚度范围 25~250μm，专门用于生产高端光学基膜。

本项目是双方合作十年来的第三条生产线，双方配合默契，设计、施工、投产都顺利平稳。

3.4.2　项目需求分析

新能源、平板显示产业以及相关消费类电子产品市场的快速发展，为相关材料的应用发展带来了新的契机。双向拉伸聚酯薄膜（BOPET）由于其优良的机械、电气性能，已成功应用于上述产业领域。据业内专家预测，我国新能源行业、光电行业和消费类电子行业对特种聚酯薄膜的年需求量将达到 50 万 t 以上，尤其是随着 5G 技术的大规模商用，高端光学基膜需求量逐年快速增长。高端光学基膜以往基本被进口品牌垄断，国内少数几家公司虽掌握薄膜生产工艺，但只有使用进口设备才能够生产。

高端光学基膜对平整度、光洁度、厚度、表观质量等要求很高，甚至还有配向角的要求。这就给生产线各机组设备提出了很高的精度要求。

为了使薄膜平整度高，要将薄膜厚度公差控制好；在铸片之前的熔体温度均匀性要好；自铸片开始所有流道辊的温度要非常均匀，流道需特殊设计；横拉内部温度场非常均匀、风速特别均匀、薄膜上下风速平衡。

为了使薄膜无表观缺陷，原料输送不能有死角，考虑结晶床进排风特殊设计，防止细小凝胶的出现。挤出系统螺杆需要进行特殊设计，防止低聚物脱挥发分产生气泡。铸片部分使用点抽，防止低聚物的聚集；设计新式静电贴附装置与新式背风装置。横拉系统采用外回程结构，牵引机组要有超声波除尘，收卷系统设计全新的包覆臂结构。

为了控制薄膜表面划伤，全线的辊筒速度要非常稳定，而且纵拉拉伸区辊面光洁度以及配套压辊要经过特殊的设计。牵引机组防止薄膜打滑，需设计成具有一定包角的结构使得薄膜张力隔离。

3.4.3　项目总体设计

1. 项目总体构架

聚酯特种薄膜生产线由若干个机组构成：上料系统、挤出系统、铸片系统、纵拉系统、横拉保温系统、牵引系统、收卷系统、分切机、检验包装系统，如图 3-17 所示。

上料系统是将预混好的各组分原料由储存料仓输送至中间料仓，再通过失重式喂料机进行计量混合后输送至高位料仓；而后经过结晶干燥进行沸腾流化处理，待含水率与温度等指标均能达到一定要求后，离开干燥塔输送至挤出机的入口（配单螺杆的情形），若接双螺杆则不需要结晶干燥。

挤出系统是通过挤出机将原料切片熔融、混合、输送至计量泵，然后经计量泵精确稳压输送至精过滤，熔体在过滤器内的碟片中流动，将焦糊料等杂质滤除，而后进入模头。衣架式全自动调节模头可通过与后方测厚仪的数据连接而调节每一区的厚度，使熔体流出唇口时薄厚均匀且速度一致。

铸片系统是将从模头唇口流延出的熔融态聚合物遇激冷辊而骤冷成玻璃态，

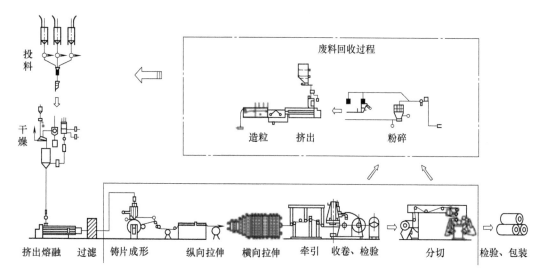

图 3-17　聚酯特种薄膜生产工艺流程图

从而成为厚片，再通过背风、辅冷鼓的辅助作用继续冷却，经剥离辊而剥离开主辅冷鼓，进入第一测厚站。

纵拉系统分为预热辊区、拉伸辊区、定型辊区，厚片经过预热辊区温度上升，在拉伸区红外加热的条件下，在快速辊与慢速辊之间对高弹态的厚片进行拉伸，薄膜沿生产线方向纵向取向，而后经过定型辊区进行冷定型，防止薄膜回缩。

横拉保温系统分为横拉传动和保温。保温建立稳定的温度场、风速场，分为预热区、拉伸区、热定型区、退火区、冷却区；而横拉传动让薄膜在链铗的夹持下，从各区穿过，预热升温进入高弹态后，在拉伸区横向拉伸、薄膜横向取向而宽幅变宽，而后经过高温定型、退火，进行热收缩，而后冷却。

牵引系统是薄膜处理的集中站，薄膜先是经过超声波除尘，将残留在薄膜表面的低聚物等杂质吸走；而后经过测厚仪对薄膜厚度均匀性进行测定，如厚薄不均，则反馈给挤出系统中的模头进行控制；然后薄膜进行切边，将铸片状态时就存在的、未经过拉伸的厚边切除，输送到造粒机进行粉碎回收；最后薄膜经过瑕疵检测，在光源的照射下，对薄膜宽度方向和长度方向的瑕疵进行带有二维坐标的标记。

收卷系统是薄膜主生产线的最后一个机组，是将通过跟踪机构已经展平了的薄膜进行卷曲，成为膜卷。卷曲过程中要实时对张力进行控制，保证薄膜张力不断减小，收卷内紧外松，防止出现横纵向皱纹、锯齿边毛边、翘边以及端面褶皱等不良产品。收卷机具有双工位（收卷位与卸卷位），通过自动切膜机构与翻转机构实现自动换卷。

膜卷从收卷机卸卷位卸下后，放到分切机上，对薄膜的宽度和长度进行定量的裁剪，使之符合下游厂商的生产需求。在经过出厂检验（包括厚度公差、拉伸强度、断裂伸长率、热收缩率、透光率、雾度、摩擦系数、表面润湿张力等）合格后，包装后存贮运输。

2. 项目总体实施步骤

（1）组织　合同签订后，自控事业部随即成立项目组，并落实了项目经理责任制，对项目的组织、进度、质量、成本、安全等全面负责。项目经理组织编制了详细的项目策划文件和项目施工组织方案，对项目各单元的设计、采购、指导外协、计量检验等工作的内容和质量、进度目标进行落实，同时确定了现场负责人，负责协调工程项目现场工作，包括计划、组织、协调、沟通和实施。以上措施保障了项目组各成员分工、职责及目标明确，各单元、各专业及时沟通协调。

（2）进度　为按时保质完成本项目，在项目设计、采购（外协）、加工制造、调试、交付的每个阶段，项目组都根据以往经验反复论证，制订了严格的计划。

生产线根据机组单元的划分配备多个分项负责人，项目经理划分责任并总负责，其余责任人专项负责，根据个人专业经验，分别负责挤出、铸片、纵拉、横拉、保温、牵引、收卷、电气控制的设计及编制采购、加工制造、安装调试的计划和检测调试大纲，协助质检员进行加工制造、装配过程监督，并根据现场实际需要，分阶段协助现场负责人指导安装、调试。该责任制的落实确保了各单元分项负责人对分管单元产品从设计到投运交付的全过程负责，与以往项目相比提高了交付产品的质量和进度保障力度。

设计加工过程历时 10 个月，比合同中供货期提前 2 个月完成；安装调试过程历时半年，也提前完成对设备及产品合同指标的考核。从项目启动到生产线达产，均提前完成。

3. 成本

本工程在实施过程中，在保证工程质量和进度的前提下，采用多项措施有效控制了成本。

在设计阶段，项目组对以往的设计进行优化，修改不合理的设计方案，积极采用新技术、新设备、新方案，在设备性能提高的同时降低了成本。

在采购阶段，严格按照公司采购流程，项目经理、分项负责人与采购主管联合参与对供应商的选择与评比，从性能、货期、价格等多方面权衡。对主要设备还组织了多次技术交流及合同谈判，项目组协同一致，有效控制了采购设备的质量和成本。

在机械加工阶段，项目经理与分项负责人制订了详细的外协加工计划和作业指导，并与质检人员一同对外协厂家严格把控，通过电话、网络、视频、定期现场检查等方式对外协加工质量和进度进行控制，从根本上消除了返工和拖期现象，并做到一次出场即验收合格。

在安装调试阶段，严格按照事先制订的调试大纲进行调试，并提前准备了人员、设备安全预案和非常情况处置措施，将失误操作导致机构损坏的可能性降到最低。现场负责人在确保实现几个主要节点工期目标的前提下，根据现场实际情况及时跟项目经理沟通，重新制订各单元设备的进场时间和安装调试计划，目的是使现场施工过程更加合理有序，尽可能避免了交叉作业、相互干涉及窝工等情况，有效节约了施工成本。

在协助客户进行产品规格拓宽、带产调试阶段，我们根据用户不同时期的需求和生产情况，以及本部门的人员情况，灵活组建各专业联合攻关组，并根据具体情况安排合适的人员在合适的时间到现场指导，在确保用户满意的前提下有效控制了成本。

4. 质量

坚持非标设备设计的标准化，加强设计资料的完整性、规范性审查，明确设计图样、图表对制造、安装的指导性。对关键件的设计、加工工艺、检测标准、使用性能进行重点研究并形成指导文件。

加强对各分包厂家质量及进度的控制，加强对各分包厂家外购元件的抽检。

在设备出厂前对分包厂商提供的现场施工进度计划、施工人员资质、现场安装施工的工艺、设备现场安装验收的标准等文件进行确认，作为设备出厂验收资料的组成部分。

设备现场安装调试时坚持质量标准，严格检查，一切以数据为依据。发现问题立即整改，不留质量隐患。设备调试时坚持做好调试记录，为生产过程调试的顺利进行打下良好基础。

3.4.4 项目关键技术

1. 上料系统关键技术

在上料输送过程中，给上料系统增加过滤器，以达到除尘的目的。另外，上料过程中的一些输送切片的管道，均有圆滑圆角过渡，防止切片在输送过程中摩擦产生过多粉尘。

上料系统采用进排分离的方法，防止粉尘凝胶化。

2. 挤出系统关键技术

在单螺杆挤出机的螺杆设计中，采用优化的组合式螺杆，从加料段（固体输送段）开始到压缩段（熔体输送段），采用 BM 分离型螺杆，如图 3-18 所示。在计量段（均化段），采用分流槽式分流型螺杆，如图 3-19 所示。这种螺杆形式，有利于低温挤出，防止切敏、热敏材料的降解。

图 3-18　BM 分离型螺杆

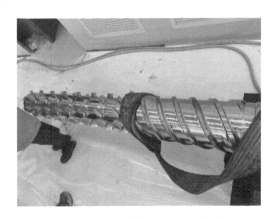

图 3-19　分流槽式分流型螺杆

在过滤器的设计中，将精过滤器的芯轴结构由传统六方形改为特殊曲面结构，最大限度地保证了熔体的先进先出，减少了降解和晶点的产生，提高了熔体质量；另外，特殊曲面型芯轴极易清理，不会有焦糊料残留，节省了更换时间，提高了生产效率。

3. 铸片系统关键技术

在铸片辊的设计上，采用了全充式大流量水循环，两头进出，最大程度保证辊面温度均匀性。

静电吸附装置（见图 3-20）增加钼丝加热功能，通过高温防止低聚物在极丝上聚集，延长丝盘的使用时间，确保长期稳定的吸附效果；优化静电丝张力控制程序，确保正常使用时张力稳定。

背风冷却装置采用全新的进回风结构（见图 3-21），通过提高出风口风速均匀性，确保了膜面冷却的均匀性，提高了厚片质量。更改背风冷却装置两侧的密封垫材质，在保证密封的前提下，避免对辊面的划伤。

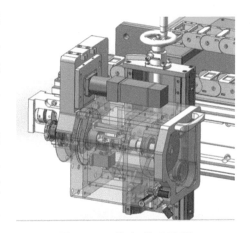

图 3-20　静电吸附装置

在模头排风装置的设计上，模头四周采用半包覆结构连接排风罩到模头四周，使模头附近的低聚物更有效地排出铸片。

图 3-21 背风冷却装置

4. 纵拉系统关键技术

在纵拉系统的设计上，首先确定流道辊的内部结构，采用全充式大流量水循环，最大程度地保证辊面温度均匀性，波动范围为±0.2℃。

在拉伸方式上，选用类 Ω 拉伸，拉伸间隙改为可移动式，以适应生产不同厚度薄膜时对拉伸间隙的要求。

5. 横拉系统关键技术

在横拉系统的设计上，采用链铗外回程循环方式，其优点如下：克服横拉区内部高温的影响，对链铗的金相组织十分有利；链铗冷却对内循环的影响降到最低；减少润滑油在横拉区内部扩散。

在设计横拉保温时，通过有限元模拟仿真静压箱内部风场情况（见图 3-22），然后进行样件测试。根据测试结果反复优化静压箱结构，提高了风速均匀性，极大地提高了薄膜面平整度。

外部进排风系统增加了内部排风管（见图 3-23）和热回收装置，使内部风场受控，提高排风效果，且热风排出后会经过热回收装置，加热进风管中的新风，

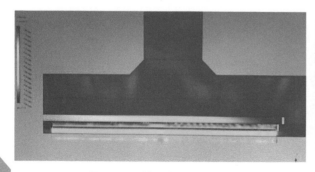

图 3-22 横拉静压箱仿真

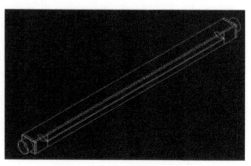

图 3-23 内部排风管道

达到节能的目的。

在设计横拉出口切边装置上，废边回收系统与牵引二次切边系统集成共用，根据工艺需要可选择不同的切边方式（见图3-24），实现了切边稳定不破膜、换刀便捷、压边稳定、废边自动打断及回收等多个功能。

图 3-24　横拉出口切边与废边回收

6. 牵引系统关键技术

在牵引系统的设计上，要保证膜与辊较大的包角，牵引入口、电晕辊、牵引出口需要压辊，以防止薄膜打滑造成的划伤。

电晕辊装置由固定式改为可升降式（见图3-25），延长了电晕辊的使用寿命。

另外，电晕后增加超声波除尘（见图3-26），减小了横拉产生的低聚物和切边产生的粉尘对薄膜质量的影响，确保了薄膜表面品质达到了光学膜的高质量要求，其原理与动力学仿真如图3-27、图3-28所示。

图 3-25　可升降电晕辊

图 3-26　超声波除尘

7. 收卷系统关键技术

在收卷系统（见图3-29）的设计上增加摆动功能，通过程序控制，在收卷过程中整个收卷机缓慢地进行往复运动，提高分切质量和产品得率。

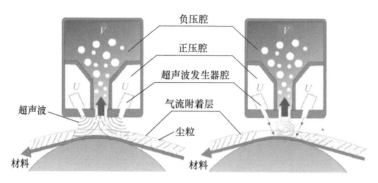

图 3-27　超声波除尘原理

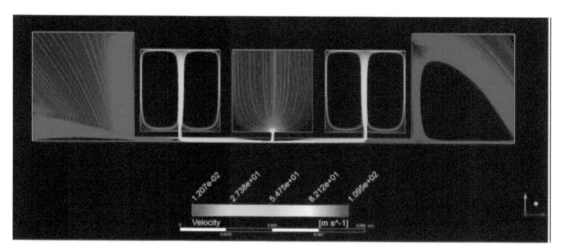

图 3-28　超声波除尘动力学仿真

收卷机助卷器采用包覆臂结构（见图 3-30），增大换卷时的薄膜在新卷芯的包角，同时重力方向与贴附方向一致，使得切膜时薄膜更容易与卷芯贴附。再通过静电吸附系统使薄膜与卷芯紧密贴合，极大地改善了膜卷打底的效果。

图 3-29　收卷系统

图 3-30　收卷包覆臂

3.4.5 项目实施效果

1. 指标分析

本项目自投产以来，各项指标均已实现，该生产线速度为 150m/min，厚度范围覆盖 $25\sim250\mu m$，成膜性在 72h 以内，破膜次数不超过 6 次，合格母卷产量达到 2.6t/h，底皱小于 20m，无横纵向皱纹，无锯齿边毛边，无翘边端面褶皱，由于收卷摆动而造成的端面不齐小于 10mm。

薄膜产品各项指标均能满足国家标准，包括厚度公差、拉伸强度、断裂伸长率、热收缩率、透光率、雾度、摩擦系数、表面润湿张力等。

2. 效益分析

本项目合同金额为 4960 万元，在该项目成功投产后，依托该项目完成的各项指标与研发的新技术，又签订相关合同总金额 2 亿多元，取得了显著的经济效益。此项目一举打破了进口设备在高端光学基膜领域的垄断，为国产 BOPET 生产线设备替代进口同类设备做了有意义的尝试和示范，为推动国产技术装备的发展做出了贡献。

3. 成果分析

通过本项目取得了多项创新成果，正在申请带加热功能的静电吸附装置、厚片横切装置、横拉出口切边装置等技术的发明专利。研发了适用于高端光学膜的收卷机控制系统，并取得软件著作权。

3.4.6 项目总结

本项目利用为企业提供光学基膜生产线的机会，对上料系统、挤出系统、铸片系统、纵拉系统、横拉保温系统、牵引系统、收卷系统都进行了优化与改进，克服了之前的功能膜生产线难以生产高品质光学基膜的一些困难。本项目一举攻克了进口厂商对高端光学膜生产线的技术壁垒，将拉膜生产的技术水平和员工的设计能力提高到了一个新的层次。

3.5 案例五：某水厂智能水务系统解决方案

3.5.1 项目概述

2008 年，该企业提出了"智慧地球"的理念，随后在智慧水资源管理方面也做出了深入的探索，并不断寻求解决方案，通过协调、预测、利用三步骤，利用水资源运营数据对水资源管理进行深入分析来提高日常运行管理能力；对潜在的水资源问题进行预测；协调水资源健康运营，以实现水资源的合理及可持续利用。在多地开发了智慧水资源管理系统，集信息发布、多部门数据共享、可视化设备和管网等功能于一体，从而实现跨部门协同共享、优化调度、实时采集、梳理管网顺序等。

国家"十四五"规划对数字化和水务行业新发展提出了明确要求，水务数字化转型势在必行。一方面，数字水务是提升公共服务水平，实现社会治理数字化、智能化水平的基础板块；另一方面，水务产业化发展仍处于初级阶段，需要加快水务数字化产业链，助力水务行业的数字化升级与创新。

智慧再生水厂是在厂、站自控系统的基础上，针对生产过程和管理需要，设计相应的功能，利用互联网实现数据和信息的传输，借助服务器、通信、软件工程、数据库等技术，通过对大量的过程数据进行深入分析，从而为管理和研发提供支持。

随着工业互联网的发展，对于再生水厂的信息化要求也达到了全新的高度，智慧再生水厂是再生水厂信息化发展的新阶段，是在数字化再生水厂的基础上，利用物联网技术和设备监控技术加强信息化管理，以及通过合理的生产计划编排、生产进度和数据分析决策，并加上智能系统等新兴技术，构建一个高效节能、绿色环保、环境舒适的人性化再生水厂。该项目由北自所自控事业部承担系统集成及调试工作。

3.5.2　项目需求分析

随着需求的变化和技术的发展，再生水厂管理的思路也在不断创新，自动化和信息化技术在再生水厂生产、经营、服务和管理中的应用也越来越深入和广泛。总体来看，我国再生水厂企业信息化的发展主要分为自动化、数字化和智慧化三个阶段。目前，我国大多数再生水厂的信息化建设正在从数字化阶段向智慧化阶段迈进。

问题1：污水处理设备及管网的隐匿性和复杂度很高，同时许多水厂建在地下，导致对人员位置和设备状态的管控艰难。

针对此问题，采用人员定位系统和地理信息系统将设备工艺段、人员位置等数据进行采集和建模，在监控平台上进行可视化展示，实时监控厂区人员位置和当前设备生产状况，方便管理者快速定位故障设备，安排人员工作。

问题2：污水处理厂的信息化建设是北自所自控事业部很重要的一部分业务，通过SCADA系统，已经能够实现设备运行工况、各项工艺运行参数的采集，以及生产数据的初步统计及计算等业务流程。但是，各个业务环节尚未实现高度信息互通、生产的实时掌控，这是水务数字化转型亟待解决的问题，因此有必要深度整合已有的水务信息系统及 SCADA 系统,打造一体化智能水务监控平台,并能够使系统进一步实现自动生成统计报表、智能分析数据的功能。

问题 3:水厂设备众多,通信协议也不尽相同,这就对工业数据采集提出了更高的要求。而工业互联网数据采集体系可以从数据采集网络、数据处理、数据采集安全三个方面来理解。

1)数据采集网络:工业互联网的基础是网络互通互联,即通过互联网、物联网、通信标准等技术实现工业全系统的全面互通互联,使底层数据能够顺利采集上来。

2)数据处理:数据是工业互联网的核心,即通过分析采集上来的设备数据、仪表数据等,形成基于数据的智能系统,实现逻辑控制优化、运行管理全面、生产协同一致,提高工厂的运行效率。

3)数据采集安全:安全是工业互联网的保障,通过建设各种安全防护机制来保护工业互联网的数据安全,才能使工业互联网健康发展。

3.5.3 项目总体设计

项目总体架构如图 3-31 所示。其主要分为三大系统:自控系统、智能综合监控系统、信息化系统。

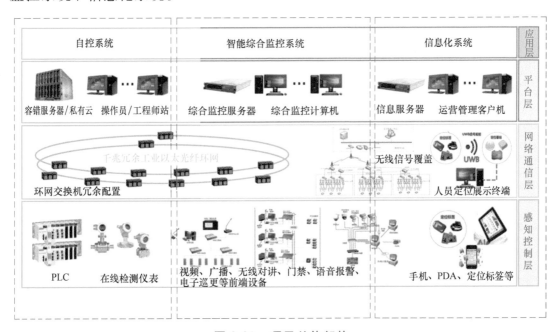

图 3-31 项目总体架构

其中自控系统包括控制系统、中控室监控系统及大屏显示系统。如图 3-32 所示,控制系统由 6 个主站 PLC 及其他第三方厂家子站 PLC 组成。中控室监控系统由 2 套操作员站、1 套工程师站、1 套网络服务器及 1 套容错服务器组成。大屏系统由 1 套 3×6 和 1 套 3×4 阵列液晶屏幕构成。

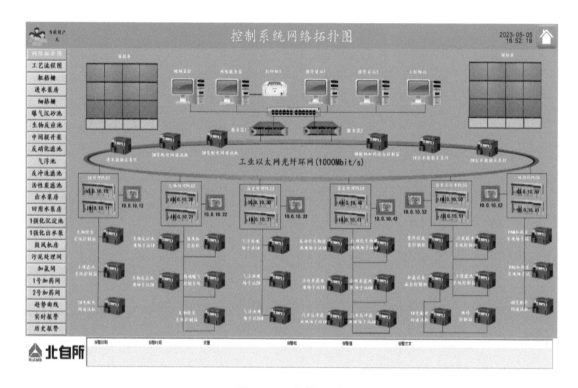

图 3-32　自控系统

　　智能综合监控系统如图 3-33 所示，包含视频监控系统、入侵报警系统、门禁系统、广播系统、智能语音系统、无线对讲系统。智能综合监控系统以创造客户价值为目标，利用传感器、物联网、大数据等最新技术，实现智慧生产运营平台中所有设施设备与人员的连接，并形成水务物联网和水务大数据，通过对海量水务数据进行及时分析处理，做出相应的辅助决策建议，使整个生产、管理和服务流程达到"智慧"状态。

　　智能监控平台系统框架如图 3-34 所示。生产控制前端感知设备是提供各种信息数据来源的主要入口，感知包含污水处理厂内各种在线仪表、传感器、摄像头、射频识别设备、二维码标牌等产生的数据，而通过 PLC 硬件和工控软件可进行设备的集中控制和监测。

　　数据的采集基于本地局域网络技术架构设计思路，利用工业以太网设备对于现场的设备运行信息、生产运行数据按照工业物联网模式接入标准进行接入。采集后数据统一存放在厂内中控室服务器上，同时通过智慧水务系统可以对外发布各种生产统计数据以及相关的服务。

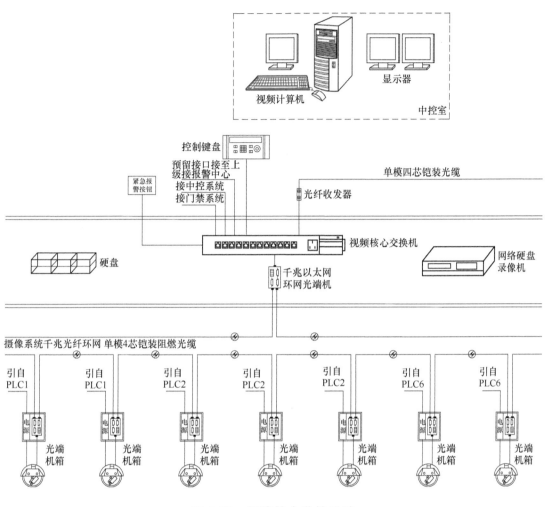

图 3-33　智能综合监控系统

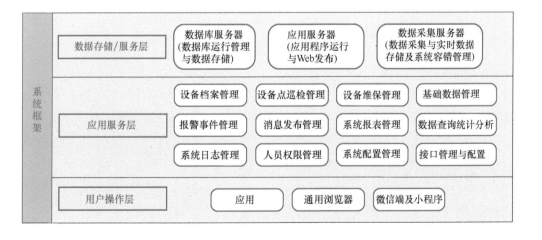

图 3-34　智能监控平台系统框架

在厂内中控室服务器平台上提供运营管理功能，可根据不同角色用户群体按不同场景划分提供多种用途及服务，提供生产运行监控、数据趋势曲线、统计报表生成、设备资产管理、巡检、维修养护、办公流程审批等功能，提升企业运营管理能力。同时也可集成视频监控、电子门禁、人员定位等系统进行资源整合，提升整厂安防能力。

系统可以对生产运行、业务数据进行大数据的积累与存储，经过数年的积累后，在未来的系统中实现对各类数据间的关系进行深入挖掘。决策支持层为管理层运营提供科学的辅助决策支持，为各级管理者提供丰富的KPI统计分析手段。

此外，本项目首次采用了智能巡检机器人来进行污水处理厂内部设备及其周边环境的无人巡检，如图3-35所示。目前，大部分视频监控设备和环境传感器检测处于孤岛状态，获取的数据仍需通过人工方式进行查看、记录和分析，不利于对设备运行环境进行实时监控；另一方面，污水处理厂环境受温湿度、气体浓度等多方面因素影响，检测设备的孤立运行不利于多维数据互联互通的实现。将室内所有环境检测设备集控式接入机器人系统，对环境状态信息进行汇总和综合分析，并分别根据环境与设备异常状况，提出需要重点关注的室内场景，辅助配网运维决策管理。

机器人巡检获取大量设备运行状态数据，根据设备运行状态分析结果，将巡检数据有效整合、关联，通过按时间维度的设备状态分析、多故障交叉分析对比等方式，判断异常原因，预测异常情况，可以有效提升污水处理站运维管理水平。

该系统包括6套PLC主站和12套滤池子站，以及设备自带的子站控制系统，可监视与控制全部工艺流程及设备的运行，对主要生产过程实现自动控制，提供实时数据传输、图形显示、控制设定调节、趋势显示、超限报警及制作报表等功能。各PLC功能如下：

PLC1现场控制站设于2号变配电间控制室内，负责粗格栅及进水泵房、细格栅及曝气沉砂池、进水仪表间、除臭系统、通风系统、2号变配电间等内设备的监控和工艺检测仪表的数据采集。

PLC2现场控制站设于3号变配电间控制室内，负责3号变配电间、鼓风机房、除臭系统、通风系统等内设备的监控和工艺检测仪表的数据采集。

PLC3现场控制站设于5号变配电间控制室，负责精细格栅、一级中间提升泵房、二级中间提升泵房、气浮池、5号变配电间、气浮池污泥泵房、雨水泵房、通风系统等内设备的监控和工艺检测仪表的数据采集。

PLC4现场控制站设于5号变配电间控制室，负责反硝化生物滤池、活性炭滤池、气水反冲洗滤池、反冲洗清水池及风机房、废液池及碳源加药间、通风系统等内设备的监控和工艺检测仪表的数据采集。

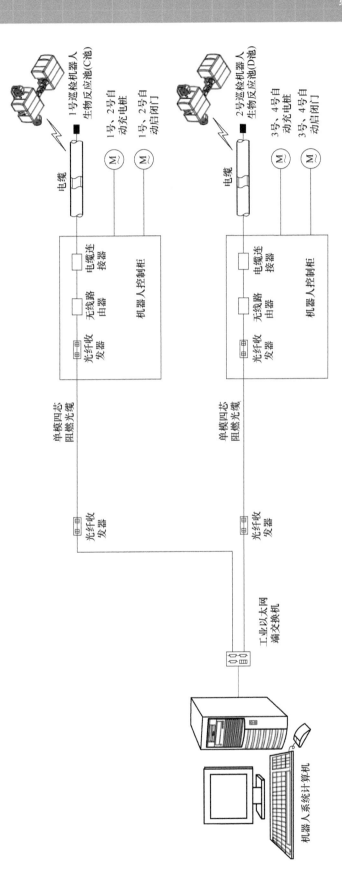

图 3-35 机器人巡检系统

PLC5 现场控制站设于 1 号出水仪表间及控制室，负责加氯接触池及回用水泵房、紫外线消毒池、1 号出水泵房、1 号出水仪表间、1 号变配电间及加氯间、污泥脱水机房及料仓、储泥池、消防泵房通风系统等内设备的监控和工艺检测仪表的数据采集。

PLC6 现场控制站设于 4 号变配电间控制室，负责一级强化混凝沉淀池、2 号出水泵房、2 号出水仪表间、4 号变配电间、加药间、通风系统等内设备的监控和工艺检测仪表的数据采集。

该系统包括视频监控系统、广播系统、无线对讲系统、门禁系统、智能语音系统、电子巡更系统等子系统；通过智能化集成平台对智能化系统进行集成，可实现信息采集、数据通信、综合分析处理、可视化展现等功能，如图 3-36、图 3-37 所示。

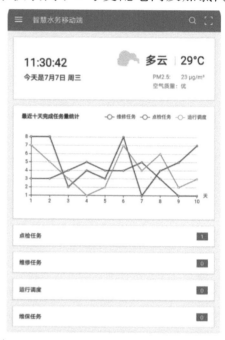

图 3-36　智能水务系统 App 界面

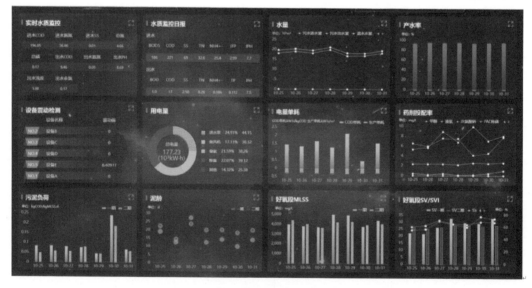

图 3-37　中控大屏

3.5.4　项目关键技术

关键技术 1：数据融合

我国再生水厂项目绝大多数还处于传统工业控制 DCS/FCS 阶段，对数据的采集与分析由自控系统集成商根据所选 PLC 和监控组态软件的品牌以及各自的经验、习惯进行规划与实施，由此导致各再生水厂的数据体系五花八门，处于各自为政的状态，再生水厂管理人员的视野还局限在管好厂内的设备和数据。当需要将各个再生水厂的数据集中整合到一个统一的调度平台并进行综合分析、统筹监管与规划时，这个数据集成的过程将是非常复杂和困难的。本项目的现场设备种类繁多，总线协议包括 Profibus、Modbus 等，为将不同厂商的控制系统连入网络，目前多采用 OPC、OPC-UA 协议。同时通过无线技术 WiFi、4G/5G 将非实时控制和工厂内部信息化数据采集上来。

关键技术 2：容错服务器

供水和再生水处理专业人员面临的主要挑战是如何避免故障导致的关键自动化系统意外停机，以及一旦停机，能够快速、准确地诊断故障。

可以采用基于软件和基于硬件的方法实现容错。

在基于软件的方法中，所有承诺在磁盘上的数据都在冗余系统镜像中。更复杂的基于软件的方法还将未承诺的数据或内存中的数据复制到冗余系统中。在主系统发生故障时，二级备份系统恢复运行，在主系统发生故障时接替主系统，这样就可以保证不会有数据丢失。

在基于硬件的方法中，冗余系统同时运行，并行服务器执行相同的任务，因此，如果一台服务器发生故障，另一台服务器继续工作。两个系统同时发生故障的统计概率极低，实际上只需要一台服务器提供应用程序，但拥有两台服务器有助于确保至少有一台服务器始终在运行。

关键技术 3：人员实时定位

本系统通过在地下厂区内布设一定数量的高精度定位基站，实时精确地定位员工位置，将位置信息显示在工厂控制中心、动态数据终端及现场查询终端。本系统可以准确地进行安全区域管控、人员在岗监控，并与消防系统、视频监控系统、人员进出系统、生产管理系统等主要企业信息系统实现数据对接。

3.5.5 项目实施效果

经过目前的系统设计开发，实现了平台的向上对接、向下集成、横向可复制可拓展的特性。

（1）向上对接 生产智慧水务平台可以对接集团云平台、管理型水务系统、ERP 系统，实现业务数据互通。

（2）向下集成 生产智慧水务平台具备对可集成子系统的集成能力，覆盖水务行业所涉及的 SCADA、设备、视频监控、安全防护等常见子系统。

（3）横向可复制可拓展　生产智慧水务平台分为主厂级系统与子厂级系统：

1）主厂级系统承担数据记录、汇总展示等功能，具备一定的普适性与可复制性。

2）子厂级系统承担功能落地、子系统集成、数据采集等功能，实施中可拓展使用。

3.5.6　项目总结

本项目通过打造厂站现场工艺流程、生产指标、设备运行参数、视频监控的多维可视化监管手段，采用 MIC（移动+互联+云）模式，管理人员可通过计算机、智能手机等终端实时了解厂站运行情况，建立厂站可视、可控、可管的运维管控机制，实现对所有下属厂站自控系统中生产运行数据、设备运行状态数据的自动实时采集，远程实时传输，融入预警告警功能，通过闪烁、声音、弹出信息框、短信等方式直观展现各类数据的超限报警。同时在报警处理中融入报警处理预案功能和历史同类报警提示功能，使报警的处理智能化，提高处理效率，实现对实时采集数据的对比分析，以曲线的形式直观展现数据波动情况，并可随时查看历史数据。

通过生产实时监测和厂区巡检管理手段，实现经济生产工艺调整与持续监测、工单运维管理、生产安全隐患排查等需求。借助移动互联网使其具备实时可看、可查、可管的能力，制定、派发生产、巡检、安全等管控计划工单，并对工单的执行情况实时跟踪，提升生产运行管控水平，同时保障生产安全。用图像识别技术，实现水厂的关键设备和工艺位置的图像识别，并将数据和信息叠加到实景物体上，更直观地进行数字化交互，提高工作效率。

建立智能化设备管理模式，为每一台设备建立全生命周期管控台账，制定设备养护计划，智能提醒运维人员定期养护，延长设备使用寿命，并有效降低养护成本。通过移动端实现现场设备历史数据、实时数据的查询，为现场操作提供参考和指导。利用二维码作为设备标识，实现对区域内各类设备的监测和移动巡检维护。

移动解决方案可实现对设备设施在运行过程中的动态数据的实时监测，保证各级管理和操控人员在第一时间及时掌握运行状态；同时巡检/维修/养护人员可使用移动设备对现场进行巡检及维修养护，并可拍照上传，支持从移动端提交现场巡检异常信息。从巡检计划的制定到巡检任务的完成，以及后续巡检原因的分析和全部巡检任务的汇总统计，形成一个闭环管理流程，让管理人员充分利用移动+互联的管理手段，实现分散式高效管理。

智慧门户主要面向管理层提供综合信息展示窗口，可以全面了解各厂运营情况，同时为运行人员、巡检人员针对各厂运行过程中存在的问题提供更科学的工作指导。

本项目以智能监控平台构建再生水厂的网络和数据体系，在实施数据采集、存储、处理和分析的过程中引入大数据、云计算思路，并将这些想法在本项目中做了探索性实践。一方面可以将再生水厂的设备控制和系统运行置于精确的数据分析结果管控之下，使其由传统自动化控制向信息化管理、智慧化运营转型；另一方面，若所有再生水厂都依据工业互联网模式进行系统构建，将为未来水处理行业的云端数据共享与全局化管控建立良好的基础。

3.6 案例六：叉车变速箱智能柔性装配生产线改造方案

北自所是我国最早为汽车工业提供自动化装备的单位之一，有20多年的工程实践经验，具备了从新产品开发到系统集成的综合研究开发能力，可承接汽车工业自动化领域大型综合成套工程项目的设计、加工制造和安装调试任务。

多年来，北自所充分发挥机-电-液-气一体化综合技术的优势，先后为一汽大众、一汽大柴、大连上柴、潍柴动力、哈尔滨东安、东安三菱、奇瑞汽车、重庆青山、长安铃木、玉柴机器、杭州依维柯、杭州发动机、昌河铃木、南京菲亚特、江西格特拉克、杭州采埃孚等国内汽车发动机、变速器生产厂商提供了先进可靠的发动机、变速器装配线和试验设备。在该领域中广泛采用了柔性自动化输送技术、拧紧技术、自动压装技术、测量技术、涂胶机技术、试漏技术、现场总线分布式控制技术、生产监控与生产管理网络信息系统技术，向用户提供了起点高、功能完备、可靠、实用的产品和设备，为提高汽车整车与零部件生产效率和产品质量提供了保证。

3.6.1 项目概述

经过多年的发展，中国工程机械行业取得了许多可喜的成绩，从业企业在市场、资金、人才和技术方面都初具特色，为中国工程机械行业的进一步发展奠定了良好的基础。在产业环境上，随着基建投资不断增长的刺激和国家对智能制造装备产业的大力扶持，工程机械需求量快速增长，智能制造装备的应用速度也大幅提升，加快了其转型升级的步伐。在工程机械领域，运用柔性智能装配技术能够保证产品的稳定性，提高生产效率，使装配生产多样化，是实现我国工程机械制造业转型升级的强力手段。

变速箱是工程机械的配套关键零部件。变速箱智能柔性化装配技术，早期多用于大批量生产的汽车行业，对于工程机械变速箱小批量、多品种的生产模式，则需通过对不同产品的工艺分析，优化装配工艺，用柔性化、智能化满足工厂企业的需求。

企业的小吨位变速箱装配线项目，目标是完成机械、液力两大系列30种叉车变速箱总成的装配、输送与试验，以及变速箱与驱动桥的合装（合装后的总成约80个品种）。根据现有场地条件，结合实际生产状况，完成小吨位变速箱装配线项目的设计、制造、安装、调试、培训、售后服务等。

3.6.2 项目需求分析

本项目以合力叉车变速箱及相关部件为对象，完成对装配车间的升级，建造一条工艺布局合理、自动化程度优良的变速箱柔性装配线，减轻工人劳动强度，提高作业效率，提升装配质量，实现生产过程数字化，解决原生产方式存在的物流不顺畅、装配线不平衡、防错不到位、质量控制手段不健全及生产信息反馈不及时的问题。

叉车变速箱结构复杂、装配工艺性差、品种型号多、差异性大，要整合不同产品的装配工艺，满足所有产品共线生产且减少更换工装夹具，是本项目的难点之一。北自所结合多年在汽车工业领域积累的工程技术经验，攻克了项目实施过程中多种技术难关，同时在叉车变速箱装配线引进自动选垫测量及垫片复检技术，自动测量箱体及斜齿轮轴在箱体内装配完成后的数据，计算出螺旋锥齿轮和斜齿轮的垫片数值，并在垫片复检设备的提示下，完成选用及装配，保证产品的生产质量，提高生产效率。

3.6.3 项目总体设计

对于叉车变速箱装配线项目，为了保证整体方案的可行性，前期开展了大量的技术交流和调研，针对车间布局、工艺整合优化、物流流转方式、信息集成、机械设计、电气设计等方面开展多方论证，根据车间现有场地和生产纲领对项目做总体规划设计，装配线由清洗线、变速箱总成装配线、变矩器壳分装线、液力箱试验线、差速器分装线、驱动桥分装线和桥箱合装线构成，主要布局如图3-38所示，可实现单班年生产10万台变速箱总成的能力。

1. 项目建设内容

小吨位变速箱柔性装配线主要由搬运及输送系统，以及各种装配、检测设备组成，可完成叉车变速箱装配任务并进行质量检测控制。各系统及设备主要功能如下：

（1）搬运及输送系统 该系统可完成各分装线间的工件流转及姿态变换，满足各设备及人工的装配需求，该系统主要有以下几个部分：

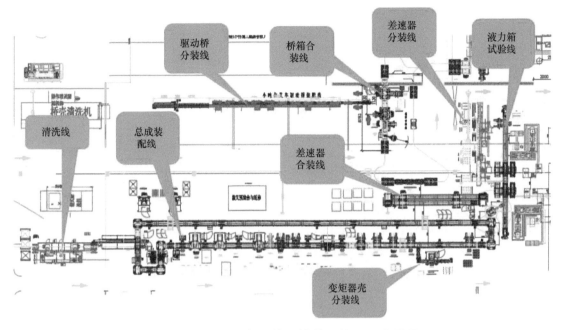

图 3-38 小吨位变速箱柔性装配线平面布局图

1）工件输送托盘，如图 3-39 所示，可实现全部机型的输送及姿态调整，不需要更换工装夹具，并配有减速器，通过专机设备来完成工件的自动翻转和回转。

2）桁架转线机械手，如图 3-40 所示，用于跨通道的清洗机与总装线的衔接，通过伺服驱动适应不同机型的抓取，并带有自动翻转和回转功能。在桁架机械手下方有二维码扫描器，将读取的机型信息自动保存。

图 3-39 工件输送托盘

图 3-40 桁架转线机械手

（2）垫片自动测量及垫片复检系统

1）垫片自动测量设备根据托盘信息，调取相应 PLC 程序，自动将箱体抓取至选垫设备上定位，以满足箱体测量精度要求，通过接触式高精度位移传感器和激光测距传感器测量箱体相关数值，并将数据上传至制造执行系统。

2）垫片复检设备通过读写器获取垫片厚度信息，经过计算将不同数据的垫片组合成所需装配垫片厚度值，由指示灯提示人工拿取相应规格垫片，并且完成复检后设备方能继续工作，以防止垫片的错装和漏装。

垫片自动测量设备和垫片复检设备如图 3-41 所示。

图 3-41　垫片自动测量设备和垫片复检设备

（3）斜齿轮轴压装和测量设备　该设备如图 3-42 所示，配有气液增压缸来完成斜齿轮轴轴承的压装，并配有力和位移传感器实时监控压装过程，保证产品质量。压装完成后，可根据数据分析、测量出斜齿轮轴垫片的厚度值，实现压装和测量同步完成。

（4）其他装配和检测设备　叉车变速箱装配线还配有自动翻转机、机器人转线设备（图3-43）、机器人自动涂胶设备（图3-44）、伺服电缸压机、电动拧紧工具、总成气密性检测仪等，实现装配线生产的自动化、智能化及数字化，减轻工人劳动强度，在生产过程中及时发现产品的质量缺陷，保证下线产品质量的可靠性、稳定性，提高工厂的生产效率，降低制造成本。

图 3-42　斜齿轮轴压装
和测量设备

图 3-43　机器人转线设备

图 3-44　机器人自动涂胶设备

3.6.4　项目关键技术

1. 叉车变速箱柔性化装配

由于本项目中的清洗机线、差速器分装线、驱动桥分装线采用原有旧设备，并且车间占地面积小，给项目整体规划和工艺布局设计增加了很大难度。项目组通过前期深入调研，并结合用户需求，将不同产品的工艺整合优化，经过反复试验、论证，通过桁架机械手、托盘、翻转机和转线机器人等设备对变速箱来料姿态不断调整，以减少设备投入、多品种共用设备为目标，实现变速箱装配线的柔性化生产。

2. 叉车变速箱选垫测量技术

叉车变速箱的垫片测量是变速箱装配过程中的关键工序，也是原生产模式下的低效工序。本设备采用了桁架机械手抓取箱体至线外设备定位测量，并以接触式位移传感器和激光测距传感器相结合的测量方式，实现箱体主要数据的直接测量，保证了数据的可靠性和稳定性。设备具有自动标定功能，在固定时间间隔内或设备出现异常时，可将标定样件放置在托盘上实现设备自动标定及寻零，保证产品的装配质量。

3.6.5　项目总结

合力叉车变速箱装配线项目的顺利实施，使合力在生产工艺自动化、柔性化方面取得了快速发展，不仅减轻了劳动强度，保证了产品质量稳定性，还使装配生产效率大幅增加，并间接提升了员工能力和综合素质。

本项目的实施不但实现了技术创新，实现了叉车变速箱柔性自动化装配，也为其他工程机械行业业务的开展奠定了技术基础，而且对我国相关领域的技术进步和发展具有积极促进作用，具有广泛的经济效益和社会效益。

3.7 案例七：动力电池智能制造全面解决方案

3.7.1 项目概述

新能源汽车作为国家的战略新兴产业，国内整车厂及配套厂都在积极筹建动力电池生产车间。但是，这些企业普遍存在自动化水平低、工艺不完善、产品更新换代频繁、信息化程度低等问题。因此，对动力电池模组 Pack（电池包）车间进行总体规划、深入研究瓶颈工艺和关键设备，可实现电池的生产流程规范化、制造过程智能化、生产管理可视化，进而大幅减少传统工艺流程中的生产效率低下、产品质量一致性差等问题，可提升我国新能源汽车的国际竞争力。

2012 年 6 月，国务院印发《节能与新能源汽车产业发展规划（2012—2020)》，新能源汽车正式上升为国家战略，其市场发展十分迅猛，动力电池作为其核心部件，需求缺口也越来越大。据市场分析，动力电池行业未来 20 年市场价值将达到 2400 亿美元。针对这一巨大的市场，众多企业开始布局，国内主要车企都在积极筹建动力电池生产车间。但是，这些企业普遍存在生产自动化水平低、工艺不完善、产品更新换代频繁、标准不统一、信息化程度低等问题，产品工艺、设备与国际先进水平还存在一定的差距，尤其是设备稳定性方面需重点突破。

国外，以美国特斯拉为代表的企业，电池 Pack 产品成熟度高、工艺完善，已实现大规模、智能化生产；以德国汽车工业协会（VDA）为代表的电池 Pack 产品标准化程度高，配套生产设备高度自动化、智能化、信息化，设备的稳定性、可靠性非常高；日韩作为电池传统生产大国，动力电池产业布局全面、制造实力雄厚，如韩国三星及 LG、日本松下，产品的工艺先进，生产设备自动化程度高。

对于未来动力电池的发展路线，美、德、日、韩等各国均制定了战略规划。为引导国内电池行业高质量发展，对电池 Pack 车间进行总体规划，深入研究其瓶颈工艺和关键设备，对提高车企的自动化水平、提升产品品质、减轻工人劳动强度、降低人力成本等具有重要意义。

3.7.2 项目需求分析

本项目基于智能工厂理论模型，以动力电池车间为主要实施载体，以数字化技术贯通全制造过程，以关键制造环节智能化为核心，以网络互联为支撑，通过智能装备、智能物流、MES 的集成应用，建立新能源汽车动力电池 Pack 智能工厂。本项目系统地实施了动力电池 Pack 智能制造关键工艺及成组成套设备，主要包含智能立体仓库、分档线、模组线、Pack 线、MES 及车间智能物流系统等，对各工序进行梳理分解，产生的共性技术具有行业推广性，可形成完备的电池 Pack 智能装配生产线。

3.7.3 项目总体设计

1. 项目总体技术构架

本项目基于智能工厂理论模型，采用新一代信息技术和先进制造技术，以动力电池车间为主要实施载体，以数字化贯通全制造过程，以关键制造环节智能化为核心，以网络互联为支撑，通过智能装备、智能物流、MES 的集成应用，建立新能源汽车动力电池 Pack 智能工厂。通过智能设备和信息技术深度融合，实现动力电池全工序的智能化，利用传感器等智能物联手段实现全流程资源的数据采集，并打通计划层、控制层及设备层之间的数据链，实现制造全流程资源要素的信息交互。

本项目涵盖动力电池专用分档库及静置库、电芯高速自动分档设备、电芯预处理设备、大拉力打扎带专机设备、激光焊及激光清洗设备、电池专用 MES 系统等关键软硬件设备，形成了完备的电池 Pack 智能制造成套设备与整体解决方案。

2. 项目总体实施步骤

本项目实现了动力电池 Pack 智能制造车间的先进工艺及关键设备，分述情况如下：

电池静置库：以电池料箱为存储单元，用于电芯分成化容后的定期存放，以使其化学性能趋于稳定，主要研究其安全存储、实时监控、异常处理、出入库、空箱回流及补空箱等。

高速分档线：根据工艺要求将整箱电芯按照电压或压降、内阻、容量进行分档，同时进行 OCV/IR 测试、扫码检测及厚度测试，主要研究其高速分档方案，包括拾取方案、输送方案、检测方案等。

电池分档库：将分档后的电池，按照档位以电池料箱作为存储单元进行存储，为后续上模组线做准备，主要研究其安全存储、实时监控、异常处理、出入库、空箱回流及补空箱等。

电池模组线：主要研究其单体电芯复检、自动上线、自动读码、自动翻转、等离子清洗、自动涂胶、自动码垛、自动夹紧打扎带、极柱激光清洗、铝排激光清洗及装配、激光焊接、焊后 3D 检测、直流内阻（Direct Current Internal Resistance，DCIR）测试、自动装盖板、自动贴标、自动入箱等工艺及设备，以及模组工装板兼容性设计、NG品处理及辅料自动配送等。具体实施内容见表3-3。

表3-3　电池模组线实施内容

序号	工序	实施内容
1	电芯复检	该专机机械结构,实现了检测数据实时上传、多品种兼容
2	自动上线	以六轴机器人作为执行机构,实现了多电池可靠抓取、绝缘保护、抓取间距与电芯预处理线定位间距匹配、多品种兼容
3	自动读码	电池在线实时读码及数据上传、多品种兼容
4	自动翻转	与电芯预处理线定位工装的机械接口、多品种兼容
5	等离子清洗	专机机械结构、清洗设备选型及工艺
6	自动涂胶	涂胶路径、胶量控制等工艺
7	自动码垛	以六轴机器人作为执行机构,实现多模组码垛、模组自动找正、自动整形、防呆设计及多品种兼容
8	自动夹紧打扎带	大拉力打扎带专机及模组夹紧专机机械结构、二者工艺配合及工艺数据上传、多品种兼容
9	极柱激光清洗	专机机械结构、工艺数据上传、多品种兼容;研究坐标机械手、激光振镜系统、激光打标系统、视觉系统四者集成问题
10	铝排激光清洗及装配	以六轴机器人作为上料执行机构,实现其上料手爪与激光清洗专机机械结构、工艺数据上传、多品种兼容;该专机的坐标机械手、激光振镜系统、激光打标系统、视觉系统四者集成问题
11	激光焊接	该专机机械结构、工艺数据上传、多品种兼容;六轴工业机器人、坐标机械手、激光振镜系统、激光焊接系统、视觉系统五者集成问题;重点实现其定位纠偏方法、焊接工装设计、焊接工艺
12	焊后3D检测	焊接缺陷分类及检测算法、检测数据上传、3D视觉系统与执行机构的集成
13	DCIR测试	该专机机械结构,重点实现大电流接触端子结构形式、检测数据上传、多品种兼容
14	自动装盖板	以六轴机器人作为装配执行机构,研发其装配手爪、重力自对中机构、多品种兼容
15	自动贴标	专机机械结构、MES数据对接
16	自动入箱	以六轴机器人作为装配执行机构,实现机器人与视觉系统集成
17	模组主线体	模组主线体布局及结构
18	模组线工装板	实现模块化微调结构、绝缘性保护、RFID识别、多品种兼容
19	上料辅线及物料配送	上料辅线与模组主线、AGV系统接口
20	NG品剔除	整线NG品的剔除方案

电池 Pack 线：主要实施内容包括 Pack 空箱上料、气密性检测、EOL 检测、DOD 充放电、防爆房设计、Pack 成品下线、Pack 工装板兼容性设计等工艺及设备，以及 NG 品处理及辅料自动配送等。实施内容见表 3-4。

表 3-4　电池 Pack 线实施内容

序号	工序	实施内容
1	Pack 空箱上料	吊具工装,确保可靠性
2	气密性检测	气密性检测方式及数据上传
3	EOL 检测	EOL 检测策略及数据上传
4	DOD 检测	DOD 检测策略及数据上传
5	防爆房	防爆房实施方案
6	Pack 成品下线	吊具工装,确保可靠性
7	Pack 主线体	Pack 主线体布局及结构
8	Pack 线工装板	其结构形式、绝缘性保护、多品种兼容
9	上料辅线及物料配送	辅线与 Pack 主线、AGV 系统接口
10	NG 品剔除	整线 NG 品的剔除方式

车间 AGV 物流：实现了 AGV 的最优数量、最优路径、最优调度策略、MES 对接等。

车间 MES：主要实现车间数据的互联互通，主要包含产品数据、生产工艺数据、设备状态数据、供应商数据、员工信息等，将这些数据与 ERP、MES、PLM 等系统的数据集成在一起，为客户构建工业级大数据平台奠定基础。

3.7.4　项目关键技术

1. 高效大功率机器人激光焊接工作站

（1）支撑材料

1）一种自动开闭快速夹紧工装设备（实用新型专利）。

2）用于水平多关节机器人的车用锂电池装配机械手（实用新型专利）。

3）五轴联动激光焊系统在汽车锂电池焊接中的应用（中文核心期刊科技论文）。

4）基于视觉的装配机器人精确定位研究（中文核心期刊科技论文）。

（2）主要内容　针对电池模组铝极柱与铝汇流排焊接的工艺特点，分析焊接区金相组织及交互结晶特征，提出沿边焊接的工艺方案，将六轴工业机器人、激光振镜焊、机器视觉、激光测距等技术深度融合，成功研制了综合精度可达±0.05mm 的 6kW 机器人激光振镜焊接工作站，效果如图 3-45 所示，焊接效率提高了 30%，解决了电池模组铝排自动纠偏、高效高精度穿透焊问题。

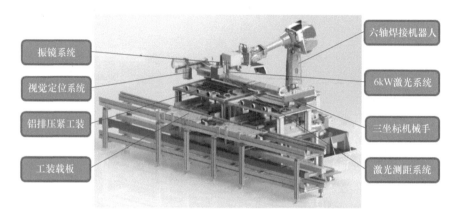

图 3-45　大功率机器人激光振镜焊接工作站效果图

（3）主要特性

1）采用六轴工业机器人作为主要执行机构，配以 6kW 激光器及振镜系统，使工作站具备连续焊接和脉冲焊接两种模式，解决了柔性化焊接需求。

2）焊前采用三坐标机械手驱动 CCD 相机进行定位，可将待焊汇流排 XY 向位置偏差和角度偏差进行自动纠正；采用激光测距传感器获取模组高度信息，可将待焊电池模组的高度偏差进行自动补偿。

3）采用激光振镜系统，机器人持焊接头在一个定位点可对多个待焊区施焊，大幅提升了焊接效率。

4）设计了专用在线焊接工装夹具，夹具主体采用柔性压紧铜套，可保证极柱与汇流排可靠压合；每个焊接位均设计有焊接保护气，采用 ANSYS Fluent 进行流体仿真分析，优化了保护气气路设计，最大程度保护焊接熔池。同时，焊接工装具备防飞溅、散热性能好、换型快速等特点。

5）焊接轨迹种类多样化，如圆、长圆或直线段，也可扩展为其他焊接轨迹，实现焊接参数的可视化编辑。

6）设备兼容不同规格的电池模组，具备单极柱或多极柱自动补焊功能。

7）设计了专用空气刀和焊渣防护格栅，充分保证场镜等光学系统的安全；系统外围设计了防弧光安全防护装置及安全锁，具备防呆功能。

8）设备提供自动、手动、调试三种运行模式，并对模式切换和焊接程序选择设置了相应的权限。

9）设备具备与 MES 通信功能，可将焊接功率、焊接高度、焊接速度等数据上传至 MES。

（4）技术指标

1）激光振镜焊工作站综合精度可达 ±0.05mm，高度检测综合精度可达 ±0.1mm，单台焊接速度 ≥12 件/min。

2）焊接质量满足如下指标：

焊缝宽度 T_1（Al-Al）：2~4.5mm

焊缝熔宽 T_2（Al-Al）：0.7~2mm

焊缝熔深 T_3（Al-Al）：0.8~2mm

铝排与极柱拉力（Al-Al）：≥母材强度的 80%

极柱与铝排剪切力（Al-Al）：≥母材强度的 80%

3）焊接一次优率 ≥95%，二次优率 ≥98%。

4）设备稼动率 95%，设备噪声 ≤70dB。

主要指标与国内外同类技术对比见表 3-5。

表 3-5 国内外技术对比

序号	本系统主要技术指标	国内先进水平	国外先进水平
1	激光振镜焊工作站综合精度 ±0.05mm	国内以大族激光、联赢激光、光大激光等为代表，激光振镜焊系统综合精度在 ±（0.05~0.1）mm 之间	以德国通快、美国 IPG、德国罗芬等为代表，激光振镜焊系统，综合精度 ±0.05mm
2	高度检测综合精度 ±0.1mm	多数无高度校准功能	高度检测综合精度 ±0.1mm
3	单台焊接速度 ≥12 件/min	部分设备焊接速度 ≥12 件/min	单台焊接速度 ≥12 件/min
4	焊接一次优率 ≥95% 焊接二次优率 ≥98%	焊接一次优率 ≥90% 焊接二次优率 ≥95%	焊接一次优率 ≥97% 焊接二次优率 ≥99%
5	设备稼动率 95%	设备稼动率 90%	设备稼动率 98%

2. 焊缝 3D 视觉检测技术

（1）支撑材料 电池装配线专用移载机械手（实用新型专利）。

（2）主要内容 针对焊缝成形的工艺特点，对缺陷进行分类，构建了基于光学三角测量原理的线性激光结构光 3D 视觉检测系统，如图 3-46 所示，系统可对焊缝进行三维重构，并通过深度学习建立各种焊接缺陷关系模型，实现对焊接质量的智能化判定。

图 3-46　焊缝 3D 视觉检测系统

（3）主要特性　采用三坐标伺服机械手作为执行机构，驱动视觉系统对模组焊缝进行自动扫描，根据扫描形成的点云数据，实现对焊缝的三维重构，如图 3-47 所示。开发焊缝表面微观形貌特征参数提取算法，可根据检测工艺需要提取焊缝特征参数。

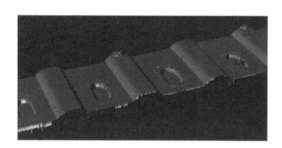

图 3-47　焊缝三维重构点云图

根据焊接相关标准，基于一定的样本大数据，对虚焊、塌陷、咬边、断焊、漏焊等焊接缺陷进行分类，建立了焊接工艺参数与检测结果数据库，使焊接参数与焊接质量可追溯，并通过深度学习建立各种缺陷的回归关系模型，形成了一套焊接质量专家判定系统。焊接缺陷识别效果如图 3-48 所示。

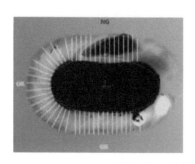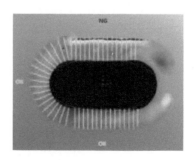

图 3-48　焊接缺陷识别效果

主要指标与国内外同类技术对比见表3-6。

表 3-6   国内外技术对比

序号	本系统主要技术指标	国内先进水平	国外先进水平
1	X 向、Y 向扫描检测精度 0.04mm	X 向、Y 向扫描检测精度 0.1mm	X 向、Y 向扫描检测精度 0.02mm
2	检测准确率≥95%	检测准确率≥90%	检测准确率≥98%
3	检测速度≥24 件/min	检测速度≥20 件/min	检测速度≥25 件/min

3. 旋转等离子清洗及激光振镜清洗成套技术

（1）支撑材料

1）电池极柱激光清洗关键技术研究（中文核心期刊科技论文）。

2）锂电池装配线专用升降夹紧机（实用新型专利）。

（2）主要内容　研制的旋转等离子清洗单元设备如图 3-49 所示，增强了电池表面的浸润性能和附着力，由此形成的活化表面，确保电芯点胶后粘接的可靠性和持久性；研制的激光振镜清洗单元设备（见图 3-50）可高效去除铝电极表面的氧化膜，减少焊接缺陷，提高焊接良品率。

图 3-49　旋转等离子清洗单元设备

图 3-50　激光振镜清洗单元设备

（3）主要特性

1）采用三坐标伺服机械手作为执行机构，驱动等离子发生器对电芯表面进行自动清洗，可有效去除电池表面的灰尘、油污等杂质，并可活化电芯表面，清洗过程无电晕、电弧现象。

2）将三坐标机械手、激光振镜、激光发生器、机器视觉等子系统高度集成，可对待清洗铝汇流排精确定位，并将偏差数据自动传至机械手，实现自动纠偏清洗，可有效去除铝汇流排表面的氧化膜。该单元设备通过低功率、高能量密度的脉冲激光束作用于工件表面，与传统的清洗方法相比，具备清洗效果好、控制精度高、应用范围广、运行成本低、环境无污染等优点。此单元设备的应用领域可进一步扩展，如激光除锈。

主要指标与国内外同类技术对比见表 3-7。

表 3-7　国内外同类技术对比

序号	本系统主要技术指标	国内先进水平	国外先进水平
1	等离子清洗表面张力 ≥ 50mN/m	等离子清洗表面张力 ≥ 40mN/m	等离子清洗表面张力 ≥ 60mN/m
2	等离子与激光清洗速度 ≥ 12 件/min	等离子与激光清洗速度 ≥ 12 件/min	等离子与激光清洗速度 ≥ 12 件/min
3	DT（设备故障率）≤5%	DT（设备故障率）≤5%	DT（设备故障率）≤2%

4. 大拉力自动打扎带工艺研究及单元设备研制

（1）支撑材料

1）一种上料机器人手爪（实用新型专利）。

2）锂电池装配线专用升降夹紧机（实用新型专利）。

（2）主要内容　针对动力电池成组的工艺特点，提出无长侧板及底板的电池模组轻量化成形工艺，研制出大拉力自动打扎带工艺及单元设备，促进电池 Pack 轻量化设计及能量密度提升。同时，该设备可确保电池模组成形的强度、外形尺寸稳定一致。

主要指标与国内外同类技术对比见表 3-8。

表 3-8　国内外技术对比

序号	本系统主要技术指标	国内先进水平	国外先进水平
1	自动打扎带后,扎带最大拉紧力 4000N	自动打扎带后,扎带最大拉紧力 2000N	自动打扎带后,扎带最大拉紧力 4000N
2	打扎带速度≥12 件/min	打扎带速度≥12 件/min	打扎带速度≥12 件/min
3	适用 PET 带宽:16mm、19mm;适用 PET 带厚:0.7~1.5mm	适用 PET 带宽:16mm、19mm;适用 PET 带厚:0.7~1.5mm	适用 PET 带宽:16mm、19mm;适用 PET 带厚:0.7~1.5mm

5. 高安全性动力电池专用智能静置库研制

（1）主要内容 采用分布式光纤测温技术实时监测各货位电池料箱；各货位布设烟感报警器、自动消防系统、货位铠装机构（见图3-51），可对温度预警进行复核，并对异常料箱进行自动喷淋；巷道堆垛机亦采用铠装设计，内设烟感、自动灭火器与自动卷帘门，仓库控制系统接到异常报警后，堆垛机可自动将异常料箱取出并移至消防水箱，解决了电池静置库各货位实时监测预警问题，提高了电池存储的安全性。效果如图3-52所示。

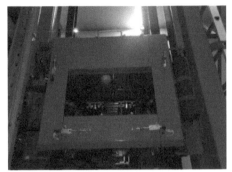

图 3-51 货位铠装机构

图 3-52 货位铠装、自动消防系统效果图

将 MES 与 PLM、ERP、智能生产线设备等高效协同与集成，真正实现了车间人流、物流、工艺流、信息流等的互联互通。

（2）支撑材料 动力电池自动装配线数据管理查询系统 V1.0（软件著作权）。

（3）主要特性 通过智能设备和信息技术深度融合，实现动力电池全工序的智能化管控，利用传感器等智能物联手段实现全流程资源的数据采集，并打通从计划层、控制层到设备层的数据链，实现了制造全流程资源要素信息交互。

3.7.5 项目实施效果

1. 指标分析

1）单线产能可达 24 件/min。

2）分档速度可达 48 件/min。

3）单台激光振镜焊工作站定位精度可达 ±0.05mm，焊接速度可达 12 件/min。

4）焊接质量满足如下指标：

焊缝宽度 T_1（Al-Al）：2~4.5mm

焊缝熔宽 T_2（Al-Al）：$0.7 \sim 2\text{mm}$

焊缝熔深 T_3（Al-Al）：$0.8 \sim 2\text{mm}$

铝排与极柱拉力（Al-Al）：≥母材强度的 80%

极柱与铝排剪切力（Al-Al）：≥母材强度的 80%

5）等离子清洗后，表面张力≥50mN/m。

6）自动打扎带专机最大拉紧力 4000N。

7）3D 焊后检测专机具备三维重构及缺陷自动识别功能。

2. 效益分析

北自所自 2009 年独立研发国内首条汽车动力电池模组装配线以来，全面掌握了方形硬包电池 Pack、软包电池 Pack 的关键工艺，并开发了分档库、静置库、分档线、模组线、Pack 线、检测线、MES 等一系列先进专用设备和生产线，形成了一套完整的工艺解决方案，累计服务整车厂及电池系统厂达 30 家以上。近三年，北自所已累计完成电池 Pack 生产线合同额约 2.8 亿元，该项目形成的成熟工艺及成组成套装备先后在 10 多家主流整车厂及电池系统厂得到了大范围的推广应用。

本项目所形成的智能制造车间 EPC 工程整体解决方案，集柔性化制造、智能化物流、数字化信息采集等关键技术于一体，具有行业推广性，可为国家新能源汽车产业提供可参考、可借鉴、可复制的解决方案。前述大量成功案例的实施，提高了柔性生产水平，提升了产品品质，降低了劳动强度，减少了生产成本，缩小了与国外竞争对手的差距，解决了长期困扰企业的痛点问题，验证了项目成果的成熟度，对于提高我国新能源汽车产业的国际竞争力具有重要意义。

3. 成果分析

该项目达到了国内先进水平，达到或接近国际先进水平。

通过该项目的实施，取得了锂电池电芯叠垛专机、锂电池装配线专用夹紧机两项实用新型专利。

3.7.6 项目总结

该项目取得了多项成果，技术成熟度高，行业推广性强。项目中对动力电池 Pack 车间进行总体规划，深入研究瓶颈工艺和关键设备，可实现电池的生产流程规范化、制造过程智能化、生产管理可视化，大幅减少了传统工艺流程中的生产效率低下、产品质量一致性差等问题，增强了企业的核心竞争力。

应用了多项核心技术：

1）多机器人协同生产技术。

2）机器视觉与机器人精确定位技术。

3）高速激光振镜焊接工艺及集成技术。

4）高效多传感机器人自动同步拧紧技术。

5）AGV 整体物流规划及集成调度技术。

6）高密度、高效智能仓储技术（含电芯静置库、缓存库）。

7）自主知识产权的动力电池 MES 集成技术。

8）电池 Pack 自动测试策略高度集成技术。

实现了动力锂电池行业装备标准化：

1）模组、Pack 装配专机设备标准化（包括硬包、软包电池等几种主流装配工艺）。

2）测试策略标准化（包括电芯、模组、Pack 以及整车全流程测试）。

3）电池装配与检测参数采集标准化，实现电池状态监控与质量追溯。

4）厂房车间设备安全性规划标准化（立体仓库、生产线及测试设备等防铜防锌、防爆防火安全设计规范）。

5）生产线设备机械设备标准化。

6）生产线设备电气设备标准化。

7）生产线设备软件程序标准化。

3.8　案例八：干混砂浆控制系统解决方案

3.8.1　项目概述

干混砂浆，是指经干燥筛分处理的骨料（如石英砂）、无机胶凝材料（如水泥）和添加剂（如聚合物）等按一定比例进行物理混合而成的一种颗粒状或粉状，以袋装或散装的形式运至工地，加水拌和后即可直接使用的物料，又称作砂浆干粉料、干粉砂浆、干拌粉。有些建筑黏合剂也属于此类。干粉砂浆在建筑业中以薄层发挥黏结、衬垫、防护和装饰作用，应用极为广泛。经过半个多世纪的发展，欧洲市场成为世界上干混砂浆发展最为成熟的地区。

随着国家环保要求的不断提高，在建筑工地推广干混砂浆已成为各地方建设主管部门的迫切任务。国内大部分地区都已经出台相应地方标准和政策法规，积极推广干混砂浆。随着政策的明朗化，市场时机渐趋成熟，一片诱人的广阔产业蓝海初现端倪。干混砂浆还具有使用简单快速、品种多样、品质稳定和即来即用的特点。不需要使用方承担昂贵的仓储和资金压力，也不需要每个项目配备专业的技术人员管理砂浆配比。由于这些特点，我国建筑行业纷纷使用符合环保要求的干混砂浆这种预制品来替代现场开包混料搅拌的湿拌砂浆。

从欧美发达国家的历史经验来看，干混砂浆是预拌砂浆市场发展的主流和趋势。目前，全球干混砂浆市场的中心正逐步向亚洲转移，而中国市场则是重中之重，使得中国干混砂浆市场进入快速发展通道。在欧洲所有的砂浆产品中，干混砂浆占据90%以上的份额，按这个比例，我国需建2500条左右的生产线。砂浆生产线如图3-53所示。

图3-53　砂浆生产线

3.8.2　项目需求分析

目前我国的干混砂浆生产线，大部分仍然存在自动化程度低、生产效率低、操作界面信息少、配比精度低和质量控制不稳定等缺点，在日常使用过程中造成了严重的影响。对于这些问题，项目团队根据业内客户调研和丰富的技术经验，总结出了需要解决的关键问题：

（1）配方管理和生产参数脱节，产品精度差　目前大部分干混砂浆的生产设备，工艺配方仍然需要专门的工艺人员通过纸质工艺单或电子工艺单将生产工艺参数发给生产作业人员，效率低易出错。来料形状不稳定，生产设备的称重精度控制差，导致品质不稳定。

（2）生产自动化程度低，关键工序仍需要人工　在关键的小剂量添加工序，仍需要人工参与，增加生产人员负担，不易控制投料精度，投料无记录，进而导致产品品质不稳定。

（3）信息化程度低　现有的干混砂浆生产设备大多采用控制台+按钮的生产方式，设备的即时运行状态和信息展示能力低，操作人员培训时间长，能力要求高。

（4）特定时间生产任务重，需要预维护　干混砂浆由于成品储存时间短，行业通常实行即用即制，用户提前确定用量和品种，由干混砂浆站凌晨制好送至客户现场当天使用。这对干混砂浆设备的稳定运行能力和连续生产能力提出了非常高的要求，所以要求设备具有提前进行状态预警的能力。

3.8.3　项目总体设计

从项目结构上分析，干混砂浆生产系统由于需要天然砂烘干站和机制砂破碎站等设备，各设备站与砂浆搅拌站距离较远，需要采用不同的控制单元独立进行控制，再通过通信设备进行数据交换，且业主有远程监控和大数据共享的需求，所以采用分布式系统。具体系统结构如图 3-54 所示。

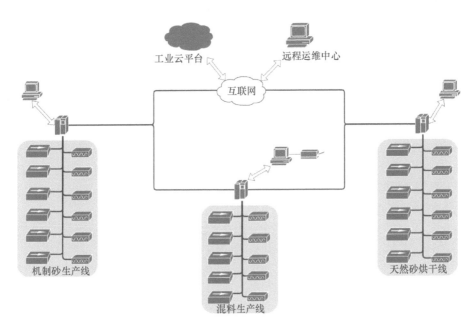

图 3-54　系统结构图

系统采用现场总线+互联网的网络设计方案，通过上位机和远程运维平台组成了指挥和监控系统，以分布式控制系统为核心，构建了现场的执行系统。现场总线的使用，使现场设备之间互相通信。互联网将现场设备与服务器和远程运维中心连接，充分满足了业主的需求，并且实现了制造过程信息化的跨越。

本方案的主要特点有：

（1）操作可视化　系统通过上位机显示现场设备的实时运行状态，如电动机转速、温度、电流和天然砂/机制砂温度等。同时通过鼠标可以快捷地更改设备状态，查看报警情况，及时通知维护人员进行操作。

（2）分布式系统节约建设成本　通过现场总线连接分布式控制系统，只需要使用通信线缆连接各个 CPU，节约了大量的线缆采购、布线和后期检修成本。

（3）网络安全得到提升　现场网络和互联网通过硬件进行隔离，避免来自网络的攻击对控制系统的影响，保证了系统的信息安全，提高了系统的稳定性。

（4）信息系统替代人工　使用现场生产管理系统（图 3-55）对生产的配方、订单、库存和产量进行管理，将所有生产数据存入数据库，达到生产数据实时查询、生产订单自动打印归档、原料库存下限自动提示的效果，告别了使用纸质单和人工预估的方式对配方、订单、出入库和库存原料进行管理的情况，提高了生产过程的管控能力，降低了人为因素导致生产受影响的概率。

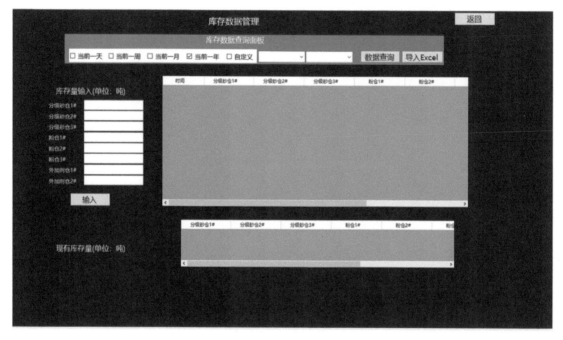

图 3-55　生产管理系统

（5）质量稳定性大幅提升　采用了自反馈称重配料算法，可以根据原料下料误差进行自调整。经过实测，配料精度超过称重精度要求。通过配料算法和微计量秤的改造，可以进行全自动配料流程，不再需要人工参与，减轻了生产人员的劳动强度，提高了产品质量稳定性。

（6）灵活的出料方式　提供包装和散装两种出料方式，根据系统任务单自动切换包装和散装模式，使生产更灵活方便。

（7）远程运维与诊断　通过传感器等现场数据采集设备，将数据传送至工业云平台和远程运维中心。远程运维系统可以对现场进行实时监控，帮助现场人员解决设备问题。根据已有的数据模型，运维系统和运维工程师还可以对现场运行数据进行分析，对现场设备进行一定的预诊断，提前提示现场人员进行维保。

3.8.4　项目关键技术

关键技术 1：自适应配料算法

干混砂浆的原料分为机制砂、天然砂、水泥和其他材料等，分别储存在生产线的原料储罐中。因此，由于每次生产或者来料的含水量、颗粒度不同，以及长时间堆积导致的受潮和结块，传统的配料算法无法根据原料下料情况进行下料重量的自调整，需要人工调整预制值，非常烦琐并且效果不可控。自适应的配料算法根据产品本身的下料重量、上一次下料的数值与设定值的对比，调整下一次落料的偏移值，同时设置超限自动停止等保护措施，动态调整下料偏移值。经过实测，调整后的下料重量偏差小于1%，使用特殊机械结构配合的下料精度可以小于0.5%。

关键技术2：数据采集与远程诊断

干混砂浆生产线由于订单特点，生产任务集中在凌晨且对生产效率要求非常高，所以对于设备故障处理和维护提出了很高要求，远程诊断和预维护是解决这一问题的重要手段。现场环境恶劣、振动大、灰尘多、温度高、湿度大，这对现场的数据采集设备稳定性造成了很大的影响。通过项目组的方案讨论，将部分传感器采用非接触安装的方式，另有部分传感器安装于控制柜，现场传感器增加保护装置等措施，保证传感器采集数据的稳定性。将采集到的数据通过运营商网络发送到远程运维服务器。远程运维服务器根据现有模型，对电动机和关键设备的数据进行分析，配合人工判断，进行远程诊断，给现场维护人员提供建议和预警。

关键技术3：信息化生产管理系统的应用

传统干混砂浆生产线在生产过程中有着生产信息和设备参数不易获取、生产工艺自动化程度低、生产过程无记录等问题，因此应用信息化生产管理系统非常必要。通过熟悉工艺和生产线运行情况，导入现场生产管理系统，对生产过程和生产设备进行信息化管理，将生产工艺、订单排产、库存管理和设备状态等功能基于生产实际情况进行本地化修改，部署在现场上位机中，极大地提升了现场设备和生产的管理水平。

3.8.5　项目实施效果

指标分析：本方案应用于年产量80万t的干混普/特种砂浆生产线，完全达到了设计产能。配料算法的改善使实测配料误差小于0.5%，质量稳定性获得了用户的认可。信息化的操作界面使操作人员由5人变为2人，并且大大降低了劳动强度。生产管理系统的使用，使企业的生产管理由人工升级到了数字化阶段，减轻了生产管理的难度，平均单据生成时间缩短了70%，数据传递时间缩短了95%。工业云平台和远程运维中心的使用，大幅提高了企业的设备管理能力和故障处理能力。

效益分析：本系统的实施与运行，降低了企业生产过程中人工操作的复杂度和强度，降低了生产管理的难度，提高了产品稳定性，减少了人力和管理成本，增强了企业的市场竞争力。

成果分析：本方案的实施，降低了干混砂浆生产线的建设成本和运营成本，提升了企业的管理水平，增强了企业的市场竞争力。

推广分析：干混砂浆生产线在国内仍属于大批量建设的初期阶段，普通干混砂浆和特种干混砂浆的需求逐年增多。此方案在国内干混砂浆生产行业有一定的推广意义，并且对于提升我国制造业信息化、智能化水平有促进作用。

3.8.6 项目总结

在我国目前的政策指导下，各省市将环境问题和节能减排作为调结构、转方式、惠民生的重要手段。干混砂浆作为节能减排和降低环境污染的重要手段，保持了高速增长的势头，整体已经度过了推广时期，进入了高速发展时期。未来，中国市场每年将会有数亿吨的干混砂浆需求，因此干混砂浆生产线的自动化、信息化方案具有广阔的市场前景。

第4章 智能专机设备

4.1 案例一：多功能高精度线性摩擦焊试验设备液压系统

4.1.1 项目概述

现代高性能航空发动机制造代表着一个国家航空工业的技术发展水平，而线性摩擦焊技术又是航空发动机制造的一项关键技术。线性摩擦焊技术大量应用于发动机整体叶盘、空心叶片及叶盘的制造，它作为一种先进的焊接工艺具备如下优势：

1）加工效率高，材料损耗小。线性摩擦焊相比于数控铣削，可以节省大量的贵重金属，提高金属利用率；焊接过程完全自动化，加工时间大幅缩短，效率明显提高。

2）焊接质量高。焊接过程中不产生与熔化和凝固冶金有关的一些焊接缺陷和焊接脆化现象，由于加热时间短，热影响区小，组织无明显粗化。在焊接铝、钛合金材料中，更能体现其优越性。

线性摩擦焊技术作为航空发动机整体叶盘制造和维修的一项关键技术，早已引起了各国航空发动机制造业的高度重视，而大出力线性摩擦焊接设备需要使用液压技术，目前掌握该技术的仅有英、美等国家的 4 家公司。北自所自 2004 年以来与中国航空制造技术研究院合作，致力于线性摩擦焊焊接技术的研究与开发，已成功研制出 15t、65t 线性摩擦焊设备，本次"多功能高精度线性摩擦焊试验设备液压系统"项目，是北自所在之前的线性摩擦焊试验设备基础上开发的面向产品的新业务，开拓了该技术从研究到应用的新领域。同时，该项目设备最大激振力可达 100t，属国内首台，打破了国外技术封锁，填补了国内空白，并达到了国际先进水平。

多功能高精度线性摩擦焊试验设备主要包括床身及基础、液压系统、焊接夹具三部分。其中液压系统是线性摩擦焊设备的核心，是设备能否完成焊接工艺的关键。该项目包含两套液压伺服控制系统、流量超 4000L/min 的油源系统和辅助液压系统等，用于实现焊接时的动力输出及焊接尺寸的精确控制。

项目实施团队是北京机械工业自动化研究所有限公司，设有专业配套的科研队伍，由机械设计、液压伺服控制、测试试验、工业自动化等多方面技术人才构成，技术力量雄厚，具有较强的研究、设计、制造、安装调试、运行和试验的能力。团队深耕液压伺服技术领域，密切关注国内外行业动态，保持了液压伺服技术的国内领先地位。公司还研究了高频振动时实现流量和动态特性匹配的多个伺服阀并联工作模式，垂直扰动时轴向力精度的有效控制，油源的节能设计技术，动态惯性负载、弹性负载、动态耗散力负载共同复合互耦的控制模型和方案，大冲击载荷阶跃后的瞬间稳定控制方法等。

服务对象是专门从事航空与国防先进制造技术研究与专用装备开发的综合性研究机构，主要承担新材料、制造技术、工艺装备等基础、应用和工程研究工作，其产品在国际上具有较高的知名度和市场份额，在线性摩擦焊技术领域处于国内领先地位。

4.1.2 项目需求分析

在《中国制造 2025》中，航空航天装备是国家大力推动的十大重点发展领域之一，提高国家制造业创新能力是九项战略任务之一，高端装备创新是五项重大工程之一。本案例研究的多功能高精度线性摩擦焊设备符合上述三项内容，为国内首台激振力可达 100t 的摩擦焊设备，设备性能的提高将提升叶盘加工能力，提升国内飞机发动机的加工能力，促进航空事业的发展。

本案例对摩擦焊的振动能力提出了很高的指标要求：在高频工况下，要求设备激振力可达 100t。这就要求液压系统中的伺服阀既要满足大流量，又要满足高频响。现在市场上不存在满足此要求的单个伺服阀，为此，北自所团队提出多阀并联控制方案，并针对多阀并联设计进行测试，确保多阀相位、幅值的统一性。同时，线性摩擦焊系统是摩擦负载与惯性负载耦合的复杂系统，对于控制系统的抗干扰性有很高的要求。

在要求特大出力的同时，设备还对振动和顶锻两个方向的静、动态精度有极高的要求，这大大提高了整个系统的设计难度。焊接工艺对液压缸的位置和力都有较高的要求，顶锻液压缸施加的力直接影响焊件之间的摩擦力大小，影响焊件表面黏塑性状态的变化速度；顶锻液压缸的位置直接影响焊件的缩短量大小，直接影响焊接效果。该系统为力-位置混合控制系统，且位置与力控制存在强耦合，控制难度大。另外，一个叶盘存在多个叶片，对设备工作的稳定性、一致性要求较高。

4.1.3 项目总体设计

1. 项目总体设计架构

（1）工作原理及组成　线性摩擦焊接的原理是两工件相对高频往复运动，在顶锻正压力作用下，焊接接触面摩擦产生热量，使得焊接面温度高到焊合区金属发生塑性流动，再通过持续的顶锻，使焊合区金属相互扩散与再结晶，达到焊接目的。线性摩擦焊如图 4-1、图 4-2 所示。

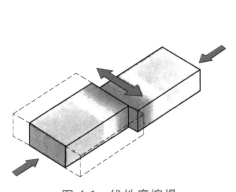

图 4-1　线性摩擦焊

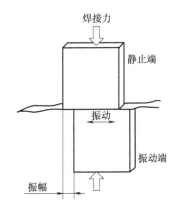

图 4-2　线性摩擦焊运动模型

线性摩擦焊试验设备液压系统是专用于线性摩擦焊设备的液压伺服系统，为焊接提供高频往复运动驱动力、焊接顶锻力，完成焊接设备的其他液压辅助功能，实现焊接中液压油源控制、振动伺服控制和顶锻伺服控制中相关指标和精度的有效控制。

系统主要由以下六部分组成：

1）油源：包含泵站、油箱、蓄能器以及温控系统，分为振动、顶锻、夹具三路独立供油与调节压力，为液压执行元件提供动力输出。

2）振动伺服系统：振动伺服系统主要由振动液压缸、蓄能器、电液伺服阀、位移传感器、加速度计、伺服放大器及信号源等组成，用于驱动焊件活动部分高频往复运动，并进行伺服控制。

3）顶锻伺服系统：顶锻伺服系统主要由长短行程两个顶锻油缸及对应的两套电液伺服阀、位移传感器、压力传感器、控制器等组成，水平作用于焊件副，提供焊接过程要求的顶锻力，并进行伺服控制。

4）夹具液压系统：包含控制七路液压缸动作的控制阀组件，以及两个顶锻夹紧缸。

5）液压管路系统：包含连接油源到振动液压缸、顶锻液压缸、夹具控制阀组的所有管路及其辅件。

6）控制系统：控制系统包含液压油源控制系统、振动控制系统、顶锻控制系统、焊接时序控制系统。

（2）系统框图 系统框图如图4-3所示。

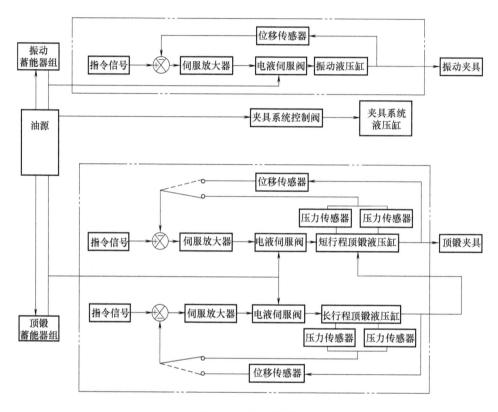

图4-3 系统框图

（3）项目总体实施路线 根据设备性能指标要求，使用CAD软件设计振动缸、顶锻缸、夹紧缸及液压站。完成设计初稿后，使用CAE软件进行分析，对设计进行改进与优化。制造完毕后进行相关测试与试验，确定加工件性能是否满足要求，若不满足则继续优化设计。各部分加工完毕后，结合现场其他机械部分提供的接口确定安装位置，根据各部分就位情况进行液压管路连接。

控制系统根据设备性能要求确定硬件配置与软件配置。完成初始配置后，利用控制平台和CAE软件进行联合仿真，对设计进行改进与优化。多功能高精度线性摩擦焊试验设备液压系统的控制系统包括油源控制系统、顶锻伺服控制系统、振动伺服控制系统三部分。分别独立调试各个控制系统，分系统调试完毕后再联合调试。

综合以上，形成如图4-4所示的技术路线。

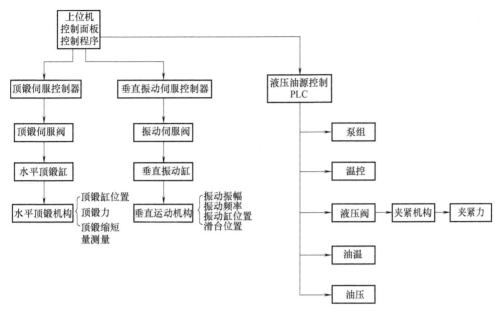

图 4-4　技术路线图

2. 实施步骤

（1）项目阶段划分　根据项目实施中具体的工作内容，项目分为前期调研、方案设计、技术设计、施工设计、生产制造、现场联调、技术培训、试产验收等阶段，实施周期为三年。

（2）项目建设内容

1）液压站和液压管路系统：液压站包含泵站、油箱、蓄能器以及温控系统，分为振动、顶锻、夹具三路独立供油与调节压力，为液压执行元件提供动力输出。液压管路系统包含连接油源到振动液压缸、顶锻液压缸、夹具控制阀组的所有管路及其辅件。根据振动、顶锻、夹具的使用工况和计算的最大工作流量，进行油源和管路系统的设计。

2）振动液压系统：振动液压系统用于驱动焊件活动部分高频往复运动，通过伺服控制，对振动缸的静态定位、动态回零偏差、焊接过程中的零点偏差和振幅偏差等指标精度进行有效控制。振动伺服系统主要由振动缸、电液伺服阀、蓄能器、位移传感器、加速度计、压力传感器、伺服放大器和信号源等组成。

3）顶锻伺服系统：顶锻伺服系统分为长行程、短行程两个系统。长行程顶锻伺服系统主要由长行程缸、伺服阀、位移传感器、压力传感器等组成；短行程顶锻伺服系统主要由短行程缸、伺服阀、位移传感器、压力传感器等组成。

顶锻伺服系统采用长、短两个行程液压缸串联的方式。长行程液压缸缸体固定于设备基座，活塞杆水平伸缩；短行程液压缸活塞杆刚性固定于长缸活塞杆,缸体与顶锻滑台连接。

焊接时长缸伸长到要求的固定位置,焊接期间处于开环状态;短缸实现焊接期间的位置控制和力控制。

4)夹具液压系统:夹具液压系统包含顶锻夹紧缸(数量两个)、七路控制油路。各个控制油路独立。每路控制油路包含减压阀、电磁换向阀和调试阀,可以实现压力独立可调和速度可调。夹具液压系统依据系统夹具专用缸的力、速度和中位机能要求,配置相应的管路和控制阀组。

5)控制系统:控制系统包含液压油源控制系统、振动控制系统、顶锻控制系统、焊接时序控制系统。控制系统架构如图4-5所示。

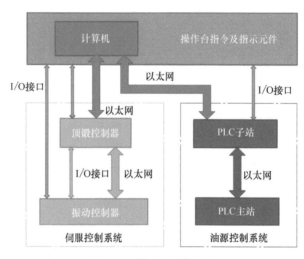

图4-5 控制系统架构

油源控制系统由PLC控制柜与动力控制柜组成。PLC控制柜主要实现以下几个功能:液压泵电动机控制、系统压力调节、油温调节、液面控制和滤油器堵塞的自动报警。

振动控制包括模拟控制和数字控制两部分。模拟控制是实现基本定位伺服的内环控制,通过模拟控制设备完成其功能。数字控制独立使用一套完整的硬件平台来实现振动控制和静态定位控制两个控制功能:振动控制要实现迭代(自适应)正弦控制的外环控制,静态定位控制要实现振动缸相对于零点的精确定位。

顶锻控制系统通过液压伺服运动控制器对长缸、短缸进行位置控制和力控制,并采集长缸和短缸的位置数据、力数据。该系统可单独控制顶锻液压缸运动,也可接收上位机指令进行顶锻部分的控制,并返回相关状态信息。

焊接时序控制由下位机(振动伺服控制器、顶锻伺服控制器)完成,上位机只负责发送相关的指令和参数。多功能高精度线性摩擦焊设备如图4-6所示。实际焊接效果如图4-7所示。

图 4-6　多功能高精度线性摩擦焊设备

图 4-7　线性摩擦焊实际焊接效果图

4.1.4　项目关键技术

1. 动态伺服缸的结构设计

采用合理的结构设计，尽可能地减小伺服缸的摩擦力，保证伺服控制精度；采用合理的机构设计满足了系统对伺服缸径向力的要求。

2. 系统节能

针对线性摩擦焊设备焊接期间短时大功率输出、焊接等待期间保压小功率输出的工作特点，采用泵站和蓄能器联合供油的方式以满足系统的节能要求，即：振动期间蓄能器主导供油，短时大流量输出；振动等待期间液压泵主导供油，为蓄能器充油、补充系统泄漏、保压。

3. 多阀并联控制技术

考虑到伺服系统流量需求大及伺服阀动态特性，采用了多阀并联控制技术，克服了多个伺服阀带来的不同步问题，最终通过多阀并联控制使得多个伺服阀能够同步工作。

4. 惯性力与摩擦力分离控制技术

对于振动系统的振动部分，由于横向顶锻力的干扰，振动系统做功除了惯性力还有摩擦力。以振动部分为分析对象进行受力分析，将惯性力与摩擦力分离，从而分离系统做功与干扰，进一步提高振动方向控制精度。

5. 强干扰条件下，加速度稳定控制方法

由于横向负载的强大干扰，在加速度闭环控制上，采用更具统计特性的对数响应评估算法，从而稳定系统并且为系统留出更大的可控裕度。

6. 位置与力双闭环控制

在强振动扰动条件下，采用自适应算法，整个力加载过程遵循 S 曲线，加载系统由位置闭环到力闭环进行平滑切换。

4.1.5 项目总结

100t 线性摩擦焊设备是一台多功能高精度线性摩擦焊试验设备，经过不断的技术迭代与技术升级，其液压动力输出能力和控制精度等关键技术参数均达到国际领先水平。从 15t 的首创到 100t 的突破，北自所正在携手用户向线性摩擦焊设备系列化、型谱化的方向迈进。另外，线性摩擦焊设备还有更为广阔的应用前景，目前计划向齿轮、涡轮、导电板及双金属凿刃等领域的无切削加工应用领域拓展。

100t 多功能高精度线性摩擦焊试验设备的研制成功，再次证明了北京机械工业自动化研究所有限公司在液压伺服领域的强大实力。我们充分利用前期的技术积累，不断地进行技术迭代与技术升级，对该项目的关键技术和研制难点汇总并进行技术攻关，制定了先进合理的技术方案。在研制过程中，克服了"强扰动、强耦合""大出力、高精度""大流量、高频响"等诸多技术难题，最终向用户交上了一份满意的答卷。

该研究成果为从研制生产向应用推广提供了基础，必将为我国航空发动机在高精度焊接、不同材料焊接、大型结构件焊接等技术领域提供技术保障并产生巨大的经济效益。

4.2 案例二：超低温、高转速、重载荷轴承离子束表面改性方案

4.2.1 项目概述

为了赶上国外新型大推力运载火箭的先进水平，满足未来 20～30 年航天发展的需求，保持我国运载技术在世界航天领域的地位，2006 年 10 月，我国立项研制某重点型号新一代大推力运载火箭。该火箭发动机用超低温、高转速、超重载荷、大直径轴承在起动时容易导致发生低温烧伤，高速运转时易疲劳剥落。

为了解决上述问题，国外常用的手段就是在轴承滚道表面沉积固体润滑膜层，主要方法是离子镀银、浸没式离子注入银、离子镀铅、射频溅射聚四氟乙烯（PTFE）。国内此类轴承以 PVD 镀银膜和磁控溅射镀 MoS_2 膜为主。目前采用上述方法沉积的膜层，由于致密度和结合力低，在重载荷、高转速工况下膜层极易脱落，脱落的大块膜层在轴承滚道上形成异物，将导致轴承不能正常运转。为此，北自所采用离子注入+离子束辅助沉积银固体润滑膜相结合的表面处理方式对轴承工作沟道进行表面处理，获得高质量改性层，解决了以上所述问题。

4.2.2 项目需求分析

在高转速、超重载、超低温条件下工作的轴承，液氢仅可以对轴承进行冷却，不能为轴承提供润滑。轴承在上述条件下运转时，滚动体与滚道之间处于干摩擦状态，在很短的时间内会因摩擦引起轴承热失稳和磨损，降低轴承的寿命和可靠性，特别是在轴承起动初期，极易导致轴承发生冷焊和滚道表面烧伤。本项目的关键问题是对运转过程中的轴承提供润滑性能，因此需对轴承工作表面进行处理，为滚动体与滚道之间提供润滑。为了降低轴承表面摩擦系数，本项目对轴承沟道进行离子注入+沉积固体润滑银膜处理，来解决上述问题。

4.2.3 项目总体设计

1. 项目技术路线图

项目技术路线如图 4-8 所示。

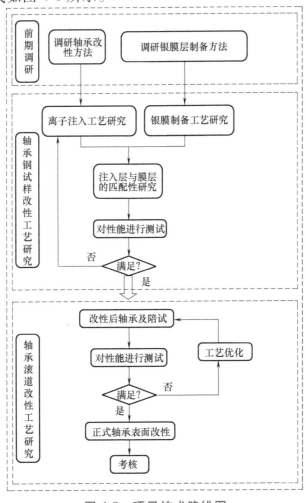

图 4-8 项目技术路线图

2. 项目总体实施步骤

依据项目研究内容，针对轴承材料及处理条件，采用双元素离子注入机和离子束复合镀膜机对轴承材料试样进行离子注入和离子束辅助沉积银固体润滑膜。通过表层银固体润滑膜实现对轴承运转过程中的润滑作用，离子注入层可以提高轴承的抗疲劳性能，同时也具有减摩作用。经过工艺试验在试样表面获得满足要求的改性层，再通过设计专用的工装夹具，对轴承进行离子注入和离子束辅助沉积固体润滑银膜，通过结合力、轴承预跑合等考核方式，通过检测分析结果优化工艺，最终确定采用在轴承上制备改性层工艺。

4.2.4 项目关键技术

1. 关键技术1：轴承表面固体润滑膜层与轴承的结合力技术

为提高膜层与基体的结合力，本项目在磁控溅射镀膜的同时进行离子束轰击，在离子束反冲作用下，银离子进入基材表面，与基体之间形成化学冶金结合，不同能量梯度形成周期交替膜，与基体之间呈现显著的微观机械啮合，从而获得与基体结合力强的银膜，如图4-9所示。

2. 关键技术2：针对超低温、高速、重载工况轴承的离子束复合表面改性工艺制备技术

轴承待改性面为曲面，且轴承外圈需要改性部位为内壁，难度更大，因此，需要根据轴承的结构和工艺的特点，设计专用的轴承工装夹具，将开发出的表面改性工艺应用到轴承表面。滚道表面改性后轴承内、外圈如图4-10所示。

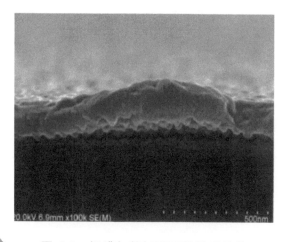

图4-9 银膜与基材界面处微观结构　　图4-10 滚道表面改性后轴承内、外圈

4.2.5　项目实施效果

1. 指标分析

本项目完成后，满足了轴承转速达到 40000r/min 的要求，解决了原来轴承在超低温、重载环境中运转至 36000r/min 出现卡死的问题。

2. 效益分析

通过项目研究已解决超低温、高转速、重载荷轴承表面离子注入和沉积固体润滑膜的难题。本项目改性后的轴承对于提高我国液体燃料运载火箭技术水平，保证国家新一代运载火箭大推力发动机的配套需求发挥了重要作用，具有重大的社会效益和经济效益。

3. 成果分析

本项目取得的科研成果包括：发表论文 2 篇，申请发明专利 2 项，如图 4-11 所示。

图 4-11　科研成果

4.2.6　项目总结

通过本项目研究，突破了超低温、高转速、重载荷、混合式陶瓷轴承沟道表面离子注入和离子束辅助沉积银膜技术的难题，解决了国家某重点型号火箭发动机用超低温、高转速、重载荷、大直径轴承在起动时容易发生低温烧伤和高速运转时疲劳剥落等问题，提高了我国液体燃料运载火箭技术水平，保证了国家新一代运载火箭大推力发动机的配套需求。

4.3　案例三：辐照电子直线加速器生产管理系统方案

4.3.1　项目概述

近年来，作为非动力核技术的一个重要分支，辐照加工产业也在技术、经济的催生下在各国发展起来。我国辐照加工产业产值规模已达到370亿元。从研发储备来看，近几十年来，国内主要科研院所及科技企业对辐照加工相关技术投入了较大研究力量，积累了商业化产品开发的丰富经验。从行业发展周期来看，辐照加工产业目前在国内正处于成长期，其门类众多的新兴细分市场均蓄势待发。从产业基础来看，目前我国辐照加工产业的基本构架已经搭建完成，呈现了以技术装备为支撑、以高新材料为龙头、以材料改性与消毒灭菌为两翼的产业格局，并催生了一批上规模的专业化公司。从政策支持来看，辐照加工的几乎所有细分产业均为国家力推的环保友好型产品或环保创新类产品。总之，我国辐照加工产业已经初具基础，技术储备及积累丰厚，细分市场成长空间巨大，政策支持明显，发展在即，蕴含着丰富的商业机会。

目前食品、中药、医疗器械、调料品、保健品等行业领域对于辐照电子直线加速器的电子束消毒灭菌具有很大的需求，并且在食品行业具有了一定的应用成果和标准，但是在其他行业的消毒灭菌还具有广阔的应用潜力。同时，辐照电子直线加速器在环保、农残降解、物质改性等领域也有很大的需求潜力。

4.3.2　项目需求分析

1. 项目需求分析

辐照加工技术是保证食品安全的有效技术手段。食品安全关乎民生、社会稳定，被看作是保证国家安全的重要组成部分。辐照技术可从防止粮食霉变和诱变优质作物种子两方面保证粮食的供给。另外，辐照灭菌也是保证我国医药产品安全的重要手段。

数据显示，美国、日本的国内生产总值中，非动力核技术贡献约占3%~4%。我国非动力核技术应用情况与此相比存在着明显的差距，有着巨大的发展潜力。

2. 关键问题

辐照电子直线加速器的应用领域涉及面广，目前在食品消毒灭菌方面有了很多的积累，并形成了行业标准。但是在有些领域还需要进行工艺研究及数据分析，根据实际的应用场景进行辐照电子直线加速器的技术改进和自动化配套装置研究。

辐照电子直线加速器自身在功率研究、系统控制优化、软件信息管理平台研究等方面还有很大的研究空间。

4.3.3　项目总体设计

1. 项目总体技术构架

项目总体技术架构包括三个方面：一是辐照电子直线加速器系统，二是束下输送系统，三是辐照工艺及设备监控系统。

其中辐照电子直线加速器系统包括真空系统、微波传输系统、水冷却系统、高压系统、低压及控制系统、采样系统、束流引出系统、电子束扫描系统等。

束下输送系统主要是对输送线进行分段及调速，能够使电子束扫描时被辐照加工的物品密排通过，同时又能够保证传输过程中不发生碰撞及卡顿。

辐照工艺及设备监控系统是总体上位软件管理系统，不仅能够对电子直线加速器系统、束下传输系统进行数据监测、设备控制，同时还能够针对接收信息、录入信息、被加工产品信息调出加工配方或生产配方，自动对输送速度、加速器出束剂量、产品扫描次数、是否需要翻面等进行控制。

2. 项目总体实施步骤

1）实现辐照电子直线加速器的关键技术研究，关键技术指标达到国际领先水平。

2）实现加速器系统与实际应用场景的优化匹配，最大限度实现高效率，尤其是实现束下传输系统的密排技术。

3）通过辐照加速器在辐照中心的应用，根据现场的实际应用工艺进行系统管理软件的优化升级、功能扩展，实现通过管理软件把辐照加速器、输送线系统以及生产工艺进行有机结合，最大化发挥生产效力。

4.3.4　项目关键技术

1. 关键技术1

将真空系统、微波系统、高压系统、低压及控制系统、冷却系统、扫描系统、引出系统等进行匹配，优化加速器的性能指标，延长加速器关键部件的寿命。

2. 关键技术 2

针对现场实际应用场景对输送线密排技术进行研究，使得被辐照物件能够密排通过电子束，提高辐照加工的生产效率。同时，根据现场被加工物件的特点、生产工艺、辐照加速器的性能综合开发生产管理软件，根据上位制造执行系统传递过来的待照产品规格信息和工艺配方进行辐照加工管理以及加速器、输送线等参数的设定和显示，可大幅度提高辐照中心生产加工的智能化水平，减少人工，提高产能。

4.3.5 项目实施效果

1. 指标分析（见表 4-1）

表 4-1 加速器性能指标

参数	指标	参数	指标
设备型号	DZ-10/20	束流稳定性	优于±1.5%
能量/MeV	10	扫描宽度/mm	800~1000
束功率/kW	20	扫描频率/Hz	0.5~10
束流均匀性	优于±5%		

2. 效益分析

1）辐照加速器的应用，将会使食品、中药原料、医疗器械等消毒灭菌实现绿色、无残留，推动行业消毒灭菌技术的发展。

2）采用辐照加工技术，能够实现较好的经济效益。

3. 成果分析

辐照加速器系统、输送线密排技术、系统管理软件技术的稳定运行，进一步推动了加速器装备技术的发展。辐照中心的运营及工艺研究，特别是在中药消毒灭菌技术方面的研究实验，将会进一步推动电子束辐照消毒灭菌技术在中药行业应用标准的建立。

4.3.6 项目总结

项目的绿色加工、灭菌彻底、无残留等特点，不仅实现了良好的社会效益，也有很好的经济效益。项目现场及设备如图 4-12 所示。

图 4-12 项目现场及设备

4.4 案例四：工业 CT 用车载移动式驻波电子直线加速器系统方案

4.4.1 项目概述

北自所研发的传统 DZ 系列无损检测用驻波电子直线加速器产品专为工业应用设计，在大湿度范围、大温度范围内均能可靠工作，可用作厚壁焊缝及厚壁锻件、铸件等产品的射线照相、射线透视检查、计算机断层扫描的高能 X 射线源。DZ 系列加速器具有输出 X 射线束的剂量率大、焦点小、曝光时间短、检测灵敏度高、操作简单、安全可靠的特点。然而传统无损检测加速器应用场景是在固定曝光室内，需要通过专用运载机构实现多自由度运动检测，用于胶片检测车载移动式加速器产品已有成熟应用，而工业 CT 的车载移动式射线源对加速器的尺寸、重量、稳定性等核心指标提出了更严苛的要求，传统加速器已经无法满足。

为适应野外机动性探伤工作以及车载 CT 系统（图 4-13）对加速器工作稳定性、可靠性、环境适应性和体积小型化的要求，北自所依托现有产品，重新研发设计新型产品，采用更先进、更稳定的技术，用更合理的结构和设计方式以适应车载移动以及在野外实施检测的需要。

车载工业 CT 用驻波电子加速器是国内首套移动式工业 CT 用高能射线源。在传统加速器设计中融入抗振、耐极限高低温等诸多设计，同时通过小型化组合移动设计，使整机在稳定可靠运行的基础上，有更好的环境适应性，聚焦野外机动检测。

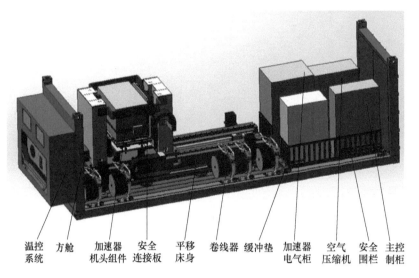

温控系统　方舱　加速器机头组件　安全连接板　平移床身　卷线器　缓冲垫　加速器电气柜　空气压缩机　安全围栏　主控制柜

图 4-13　车载 CT 系统

4.4.2　项目需求分析

随着我国技术装备水平的快速发展，对检测设备的要求也在不断提高。在民用以及军事等领域，很多客户提出机动性探伤需求。车载移动式工业 CT 系统机动性强、检测效率高、灵活机动、稳定可靠，是工业 CT 检测系统由固定式向机动式发展的重要标志。作为车载 CT 系统核心部件之一的射线源，车载加速器又决定了整个 CT 系统的性能。

车载工业 CT 系统对加速器系统的要求如下：机动灵活同时又稳定可靠；能够适应不同路况下的振动以及极限低温的工作环境；满足在集装箱车辆有限空间内对车载加速器结构尺寸的要求；日常维护及维修的可操作性等。在这些方面传统加速器已很难再有改进空间。

车载加速器研发所涉及的技术主要包括电力电子领域的逆变技术。随着电力电子技术的发展，各类功率开关器件逐渐被开发出来，使得高频逆变技术应用到加速器行业成为可能。采用高频逆变技术设计逆变恒流充电电源，可使调制器总体积及重量大幅减小，工作稳定性和可靠性也大大提高。此外，对加速器各组成结构的优化设计、运行参数数字化处理、抗振性能设计、高低压隔离技术、循环冷却方式等方面也需要进行改进提升。

4.4.3　项目总体设计

基于车载加速器在运输过程中的振动情况，对设备进行了结构加固和隔离缓冲等抗振设计。悬臂结构多点支撑加固，尽量避免悬臂结构；精加工机头底板，所有与机头底板连接部件采用定位销孔结构，防止器件因振动或冲击而脱落或产生位移；加强对磁控管的固定，由以前的单端固定改进设计为两端固定；将直插式继电器改为焊接结构，防止继电器脱落；在断路器上增加辅助触点，断路器跳闸时可在上位机给出提示；调制器柜内元器件支架的底端和顶端均加以固定，同时将电阻、硅堆的固定结构由 C 形槽改为 O 形槽。

由于柜内有低压控制电路及高压充电回路，电压相差大，高压脉冲容易对低压回路造成干扰。用屏蔽网将高压与低压部分隔离开来，同时加强高压回路层间的可靠接触，将整个柜体可靠接地。

调制器柜内有诸如 IGBT、大功率电阻、高频变压器等功率器件，其温度系数决定整个设备的可靠性。对柜内各层之间的隔板采用密目网孔设计，同时增加风扇数量并合理布置位置，在上下层形成流通通道，使热量迅速排到柜体外。对充电分机中发热严重的 IGBT 等器件，紧贴其表面进行水冷冷却，以适应 CT 系统对加速器长时间稳定可靠工作的要求。

调制器柜采用逆变串联谐振原理进行充电，以提高充电精度和速度，为整机提供高精度脉冲高压，保证剂量率稳定性。该方案取消 DQ 变压器及其控制电路、调压器及主变压器，使整机尺寸进一步减小。工作原理是将工频 380V 电压整流后，通过 IGBT 组成的 H 桥逆变电路变为高频交流电，LC 串联谐振，然后通过高频变压器升压至合适的电压，最后整流为直流高压对仿真线进行恒流充电。

根据车载式 CT 系统的需要，将控制台功能整合到调制器柜，通过自由口通信把加速器状态信息发送给 CT 控制系统，同时接收 CT 系统的控制指令；加速器运行参数数字化，由 PLC 模拟量输入模块采集后通过自由口通信传送至上位机；对于取自高压侧的枪平均电流和管平均电流信号，采用基于压频-频压转换结合光耦隔离的方式，对信号进行隔离，以避免机头内出现打火等异常放电的情况时，干扰 PLC 信号采集甚至损坏 PLC。

为满足 CT 系统线阵和面阵成像的需求，在加速器机头主射线束前方加装前准直器，它由四个可独立运动的钨块及其控制系统组成，通过本地和远程两种控制方式实现钨门张角变化来改变 X 射线的照射视野，满足 CT 系统线阵或面阵探测器的成像需求。

进行车载振动试验，找到振动幅度较大的薄弱位置，对机械结构加以改进，使得薄弱位置的抗振性能得到改善，从而确保加速器经过长时间运输过程后可以随时稳定可靠地使用。进行 24h 低温试验，以检验加速管、磁控管、闸流管等关键部件可承受的温度范围，并检验使用防冻液替代蒸馏水作为循环冷却液的可行性，确保加速器在恶劣环境温度下可以正常使用。

前准直器的设计参照已有技术和产品，对电动机选型、机械结构、控制方式、位移计算、角度显示等进行优化，对钨门角度显示和实际张角的线性对应关系进行反复试验，在确保钨门角度精度要求的前提下，系统能在振动以及 X 射线的照射下长时间可靠工作。

4.4.4 项目关键技术

本项目技术完全属于自主创新，主要技术创新点是：

1）结构紧凑，机动性强：可移动到野外进行检测。

① 优化传统结构；

② 升级充电方式。

2）抗振要求：可在 4 级公路上长距离运输。

① 减少悬臂支撑结构；

② 增加缓冲装置，降低振动传播；

③ 升级固定方式。

3）耐极限温度：可在 −30℃ 极限低温下正常工作。

① 采用耐低温密封材料；

② 优化冷却管路，采用防冻液作为冷却剂。

1. 机头结构的优化调整

在常规加速器机头结构的基础上，对机头内部结构重新进行布局，在增加机头抗振强度、保证绝缘距离的同时减小机头体积，对悬臂结构增加多点支撑：对机头内所有薄弱环节进行多点支撑加固，提高其固有频率，防止重要元器件的位移和脱落，尽量避免悬臂结构。

调制器柜设计如图 4-14 所示。

图 4-14　调制器柜设计

为满足车载 CT 系统对加速器工作稳定性、可靠性和柜体体积的要求，调制器柜采用逆变串联谐振原理进行充电，相比于传统的工频恒压充电技术，具有技术先进、稳定性好、设备体积小、效率高等特点。采用逆变串联谐振充电技术，包括电源滤波电路、三相全桥整流滤波电路、IGBT 全桥逆变电路、IGBT 驱动电路、充电控制与保护电路、LC 串联谐振电路、高频升压变压器等部分。工作原理是将工频 380V 电压整流后，通过 IGBT 组成的 H 桥逆变电路变为高频交流电，然后通过高频变压器升压至合适的电压，再次整流为直流高压，最后对仿真线进行恒流充电。通过对 IGBT 进行精确控制，从而得到高精度的充电电压。

前准直器（钨门）结构设计如图 4-15 所示。

前准直器（钨门）外层为可以水平运动的左右两个钨块，内层为可以垂直运动的上下两个钨块，出束角可调，垂直、水平方向单向张角均不小于 10°，定位精度为 ±0.2°。使用 4 个电动机，分别独立驱动 4 个钨块运动。钨门控制分为近控（本地）和远控（上位机），近控位置显示和起停控制按钮位于钨门运动机构上，使用数码管实时显示钨块的运动角度。

图 4-15　前准直器（钨门）结构设计

2. 系统抗振性能设计

为适应车载系统在运输过程中的振动要求，对加速器系统进行了抗振结构设计：将直插式继电器改为焊接结构，以防止直插式继电器在振动时脱落；在断路器上增加辅助触点，断路器因振动而跳闸时可在上位机给出提示；调制器柜内元器件支架的底端和顶端均加以固定，同时将电阻、硅堆的固定方式由 C 形槽改为 O 形槽，使其容许的冲击应力和疲劳极限高于实际响应值；采用菲尼克斯重载连接器，可更好地防尘、防水、抗振并可承受高机械应力，有效进行 EMC 防护，确保数据和信号安全传输；对机头、调制器柜、水冷机组整机进行隔振缓冲设计，将外部激励通过隔振缓冲系统减弱，从而使得传递给设备的实际作用力小于设备的许用值。

3. PLC 控制及通信程序设计

加速器 PLC 与 CT 控制计算机进行通信，将加速器的工作状态、运行参数、故障代码及钨门开合角度等信息定时发送到 CT 控制计算机，由 CT 控制计算机主界面进行显示；同时加速器 PLC 不定时接收来自 CT 控制计算机的加速器操作、钨门角度开合等控制命令。

加速器的运行控制和联锁保护也是由 PLC 实现的。PLC 要满足加速器在通电、待机、开机、准备好、出束、停束的运行过程中所必须满足的联锁要求，并按一定的程序给出控制信号，通过控制相应的继电器输出，起动或停止相应设备，实现加速器的正常运行。

PLC 对真空电流、位置、误差、枪灯丝电流、管灯丝电流、枪平均电流、管平均电流以及钨门位置信号等模拟量进行采集和处理，并将这些数据连同加速器状态信号通过自由口发送到 CT 控制计算机进行显示。

加速器可在手动控制/计算机控制之间切换。在"手动控制"时，CT 系统控制台上的电源、待机、开机、出束、停束等实体按钮起作用；在"计算机控制"时，由 CT 控制计算机界面实现上述功能。

4.4.5 项目实施效果

1. 指标分析

项目现场及设备模型分别如图 4-16、图 4-17 所示。

图 4-16 项目现场

电子束能量：9.0MeV；

最大剂量率：≥3000cGy/（min·m）；

焦点尺寸：≤2.0mm；

剂量稳定时间：≤7s；

X 射线均匀性：≥55%，不对称性：≤5%；

图 4-17 设备模型图

辐射泄漏：≤0.1%；

稳定性：满功率运行 2h 剂量率波动≤2% 且不出现切机现象。

2. 效益分析

车载工业 CT 用驻波电子直线加速器在我国国防以及民用事业方面具有广阔的市场前景，预计每年获得的产值近 1000 万元。

4.4.6 项目总结

车载工业 CT 用驻波电子直线加速器采用的逆变恒流充电技术是未来发展的趋势，可有效降低生产成本，提高可靠性和稳定性，在未来的加速器市场所占有的份额将会越来越大，应用领域已不仅仅限于传统的无损检测，新的应用领域也不断被开拓出来，具有明显的经济效益和社会效益。

4.5 案例五：双机滑台焊接工作站建设方案

4.5.1 项目概述

双机双工位地轨式焊接工作站如图 4-18 所示，采用双机器人、地轨、双变位机协作焊接。工作站为柔性系统，通用性强。工作站单台占地面积：长 15000mm×宽 6500mm×高 5400mm。工作站由 2 套安川机器人、2 套伺服旋转变位机、2 套福尼斯焊机、1 套焊房、1 套西门子控制系统、2 套可移动式塌台等组成。通过更换相应工装夹具即可进行不同型号工件（在机器人工作范围内，重量在变位机可承受范围内）的焊接。焊接工作站设有焊接房、安全门、可移动式塌台等安全部件。焊接工作站工装夹具的电、气路等均有快换接口可以满足工装夹具快速更换的生产要求，工装夹具上的传感器采用航空插头，可快速更换传感器，并预留后续增加的部分。

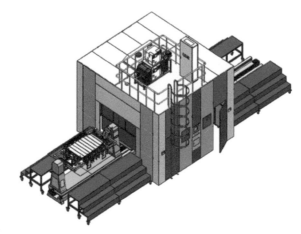

图 4-18　双机双工位地轨式焊接工作站三维示意图

4.5.2　项目需求分析

（1）生产纲领、品种规格及生产方式

1）生产品种及范围：铝合金，焊接外形尺寸原则上长度 ≤ 3000mm、宽度 ≤ 2000mm。

2）节拍动作：人工上料、定位、装夹、地轨进站、机器人焊接、地轨出站、人工取件等工步。

3）生产设备工艺及设备技术的先进性都要处于国内领先水平。变位机设备及夹具底板梁可以满足车间多品种、多批次生产，不同品种方便切换工装夹具。

4）设备故障：以每班连续工作时间 10h 计，每班设备故障率小于 2%，每班平均故障停机时间不大于 20min，每次故障处理时间不大于 10min（不包含夹具夹钳未压紧导致的撞枪故障报警）。

5）焊接气源：氩气（纯度为 99.999%）。

（2）焊接对象

1）工件名称：新能源电池托盘。

2）工件品种：多种规格，通过更换快换工装实现换型。

3）工件材料：铝。

4）工件焊前状态：未组对点定。

5）焊接产品照片/图样：以客户提供为准。

（3）焊接工艺

1）焊缝形式：对接焊缝、圆弧焊缝、角焊缝。

2）焊接工艺：

a）熔化极冷金属过渡气体保护焊；

b）焊丝采用 ϕ1.2mm 实心铝合金；

c）焊接电源选用全数字式 MIG 冷金属过渡自动焊接电源福尼斯 TPS400I-CMT。

4.5.3　项目总体设计

1. 机械部分

双机双工位地轨式焊接工作站采用双机器人、地轨、双变位机协作焊接。工作站为柔性系统，通用性强。

焊接工作站能进行预约焊接，在一个工位焊接的同时，另一个工位进行工件的装卸，有效提高机器人使用率和生产效率。为方便进行多种规格工件焊接及参数设置，控制系统采用 PLC+机器人+工业触摸屏方式进行控制和操作。设备布局方式为双工位布局，工件上下料方式为人工上下料。

2. 电气部分

1）采用 PLC 进行逻辑控制，采用工业总线通信协议完成对机器人、焊机、夹具、操作按钮、指示灯、安全光栅和安全门开关等的通信工作。

2）触摸屏显示相关状态。

3）人工上料处操作盒包含：上料完成按钮、取消上料按钮、暂停按钮、紧急停止按钮。

4）机器人系统具有位置软限位和硬限位功能，以及碰撞、载荷和速度、焊接等检测功能，当机器人发生异常时将停止工作并发出报警信号。

5）焊房门上设置安全开关，若有人通过安全门进入机器人工作区，机器人将处于暂停状态。

6）安全系统：工作站具有报警及互锁功能。电、气部分具有断电断气自锁装置，防止突然断电断气造成的撞枪事故。系统配置安全门以保证操作者安全；焊接工作站四周配置全封闭工作间及工位间的弧光防护，可避免弧光和飞溅对操作者造成的伤害。焊接工作站控制装置上还安装有三色警示灯，实时显示系统工作状态。

7）所有的夹具信号、机器人信号、PLC 信号及安全信号都反映到触摸屏上，能进行报警，且能方便地监控信号。

8）所有焊接生产数设定及复位、清枪次数设定、复位以及焊接参数显示集成到触摸屏上进行显示。

3. 主要技术参数

1）装配工位夹具到地面高度：900~1000mm（踏台与工装台面的高度/地面挖坑到工装台面高度）。

2）夹具有效装配距离：3000mm±20mm。

3）翻转半径：900~1000mm。

4）机器人臂展：2010mm。

5）机器人安装方式：立式。

6）机器人数量：2台。

7）地轨重复定位精度：±0.1mm。

8）单个夹具负载：1500kg。

9）生产线要求节拍：地轨滑台进站≤8s，翻转180°≤5s。

4.5.4　项目关键技术

1）伺服翻转变位机（见图4-19）是为机器人焊接而定制的设备，该变位机电路由PLC控制，由伺服电动机配合精密高刚性减速器，以适当的转速翻转，可保持在任意角度，定位精度高。该设备可满足不同工件翻转焊接变位。翻转架从动箱体组件可调，以方便进行更换工装操作。

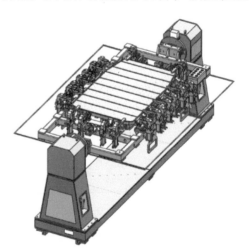

2）地轨滑台（见图4-20）采用型钢焊接，由伺服电动机配合高精密行星减速器驱动，两端设置保护装置，整体结构稳定可靠，重复定位精度高。

3）该焊房内部采用型材拼接，并覆盖钢板，使其具有良好的整体刚性。机器人电源控制柜及焊接电源等均置于焊房顶部，

图4-19　伺服翻转变位机

图4-20　地轨滑台

调试人员调试设备时可以通过楼梯攀登至焊房顶部。此布局能有效节省占地面积，同时也能保护电源柜不受潮；操作预约按钮盒安装在焊房侧部合适位置，操作人员将产品上料完成后可以通过操作盒预约按钮进行预约焊接，而无须等待另一工位焊接完成后再按起动按钮。触摸屏设置在焊房的前方，能方便地查看工作站当前的运行状态及报警信息，并能进行相应的参数设置。

焊房（见图4-21）四周安全位置均设有观察窗。观察窗采用具有隔离弧光效果的半透明板材，透过观察窗可以清楚地看见焊房内部的工作情况；焊房顶部安装烟道口，可将焊接时产生的有毒气体排出，防止污染焊房内部环境。检修门安装在焊房侧边，方便人员进出检修，门上设有安全锁，防止无关人员在工作站运行时进入焊房内部，发生危险，从而更好地保障工人的生产安全并方便操作。

4）可移动式踏台（见图4-22）整体由方管焊接，面上铺有花纹板防滑，踏台高度与工装操作高度匹配，方便操作人员上下料，踏台底部带有可锁止的脚轮，可以在需要时移动踏台。

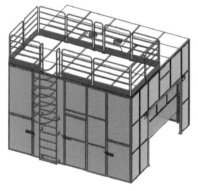

图4-21　焊房

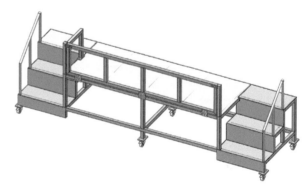

图4-22　可移动式踏台

4.5.5　项目实施效果

项目按照客户要求按期完成交付，获得客户好评。效果如图4-23所示。

图4-23　项目实施效果图

第5章 技 术 服 务

5.1 案例一：某油箱生产线的优化改造项目

5.1.1 项目概述

汽车工业经过近些年的快速发展，逐渐壮大成为国民经济重要的支撑部分。汽车制造业在整个工业中的地位不断提高，行业利润总额占全部工业的比重上升趋势尤为明显。中国汽车产业的飞速发展，给汽车零部件制造企业带来了发展机会，推动着汽车零部件行业产品更新换代的速度，汽车零部件市场的规模也在不断扩大。汽车油箱作为汽车的主要零部件之一，其需求呈明显增长的趋势。

汽车油箱按其材质主要可以划分为两大类，即金属油箱和塑料油箱，如图 5-1 所示。

图 5-1　金属油箱（左）和塑料油箱（右）

油箱是固定于汽车上用于存储燃油的独立箱体总成，是由箱体、加油管、加油口、油箱盖、管接头及其他附属装置装配成的整体。它是汽车燃油系统的一个重要单元，担负着燃油储存、发送、蒸气管理、测量反馈的功能。油箱也是汽车的一个重要安全部件。由于燃油属于易燃液体，在汽车运动过程中会出现振动和与油箱壁的冲击，燃油温度会较高，更易于燃烧。

金属油箱则因其金属特性不会渗透出气体，且其刚性的材质有利于热膨胀，在温差相同的情况下油箱的变形很小；金属油箱还可以通过车身、车身搭铁线与蓄电池负极连接，不会产生静电积聚的危害，在外力碰撞的情况下，也不容易发生燃油爆炸的问题；而且金属油箱的容积可以做得很大。金属油箱因其加工设备简单、投资力度小、制造成本低，就目前而言，在货车和客车的制造过程中大多还使用金属油箱。

5.1.2 项目需求分析

北自所受某汽车油箱生产企业委托，对该企业现有的油箱箱体冲压生产线进行优化改造。该企业主要为国内若干知名主机厂提供配套的金属油箱。该企业生产的金属油箱品种繁多，但是每个品种的产量较小，生产模式为按订单生产，即每一批次的油箱规格都不相同。对于该企业而言，由于设备工作效率较低，常常不能按时完成订单；另外，该企业油箱生产设备的自动化程度不高，箱体冲压线采用的是单机联线形式，但很多工序基本依靠手工操作，这就造成劳动强度大、产品质量不稳定等诸多问题。因此，拟对某些关键设备进行自动化改造，同时通过生产系统仿真分析，优化生产线节拍，提高生产效率。

5.1.3 项目总体设计

通过对企业现有油箱生产线进行研究，发现有些工位工人工作强度大，经常出错，从而导致产品的合格率无法提升。通过对某些人员密集型工位进行自动化改造，提高生产的自动化程度，使其生产节拍降低，产品质量提升，生产操作安全可靠、灵活方便，并最大限度地降低工人劳动强度、增加经济效益。同时纵观整条生产线，统计生产线工人的基本工时、生产计划和各个工位的节拍，根据总体产能的需求计算生产节拍，优化生产线的平衡率，根据工人的每小时产量优化各个工位的工人数量，最终达到降本增效的目的。

通过调研充分了解企业自身的生产现状，找出企业生产上的问题和差距，以此作为依据来优化整条生产线的性能，从而形成最终的实施计划。具体调研内容包含以下方向：

1) 明确整条生产线的工艺流程、设备布局、设备安全区和工位配置。
2) 明确企业计划的节拍目标和每小时产量（JPH）目标。
3) 统计当前设备的开动率。
4) 统计物流器具的数量（手推车、AGV、滑橇、EMS等）。
5) 统计工位设备清单（型号、数量、有无数据采集接口等）。

在数据收集的过程中，利用5W1H以及PDCA的工作原则，统计并记录每个工位工人的基本工时，分析实际生产过程中存在的一系列问题，并根据油箱冲压生产线的工艺要求，进行工艺参数的记录（包括加工位置、送料机构的速度、板件进给速度等），最后设计生产线流程的优化方案。

企业基本的调研信息如下：

1. 工艺流程（见图 5-2）

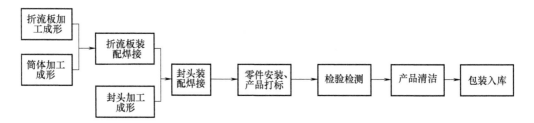

图 5-2　工艺流程

2. 标准作业时间（见表 5-1）

表 5-1　标准作业时间表

工位号	工位名称	工序号	工序名称	标准工时/s	节拍统计/s
1	筒体加工成形	1	筒体下料	60	660
		2	筒体成形	300	
		3	直缝焊接	240	
		4	筒体冲孔	60	
2	折流板加工成形	5	折流板下料	60	240
		6	折流板成形	60×3	
3	封头加工成形	7	封头下料	60	1180
		8	封头成形	300	
		9	封头冲孔	60×2	
		10	封头缩口	500	
		11	口部整形	200	
4	折流板装配焊接	12	装配折流板	200	800
		13	点焊折流板	600	
5	封头装配焊接	14	封头装配	360	1760
		15	环缝焊接	800	
		16	筒体进料口焊接	300	
		17	筒体出料口焊接	300	
6	零件安装、产品打标	18	传感器安装	120	320
		19	数控打标	200	

（续）

工位号	工位名称	工序号	工序名称	标准工时/s	节拍统计/s
7	检验检测	20	压力试验	600	840
		21	无损检测	240	
8	产品清洁	22	产品清洁	180	180
9	包装入库	23	包装入库	150	150

3. 设备统计

产品生产在各个工序所用到的设备见表5-2，除了后续产品打标、检验检测、产品清洁和包装入库只有单套设备外，其余工位都配备了冗余设备，防止发生生产故障，影响整条生产线的正常运行，统计共有数控切割机6台、冲压机6台、卷圆机2台、直缝焊机2台、模压机2台、缩口机2台、隔板装配机2台、封头装配机2台、转盘焊接机4台。

表5-2 设备统计表

工位号	工位名称	作业工序号	作业工序名称	设备名称	设备数量
1	筒体加工成形	1	筒体下料	数控切割机	2
		2	筒体成形	卷圆机	2
		3	直缝焊接	直缝焊机	2
		4	筒体冲孔	冲压机	2
2	折流板加工成形	5	折流板下料	数控切割机	2
		6	折流板成形	冲压机	2
3	封头加工成形	7	封头下料	数控切割机	2
		8	封头成形	模压机	2
		9	封头冲孔	冲压机	2
		10	封头缩口	缩口机	2
		11	口部整形	手控打磨机	2
4	折流板装配焊接	12	装配折流板	隔板装配机	2
		13	点焊折流板	焊接机器人	2
5	封头装配焊接	14	封头装配	封头装配机	2
		15	环缝焊接	双环焊机	2
		16	筒体进料口焊接	转盘焊机	2
		17	筒体出料口焊接	转盘焊机	2
6	零件安装、产品打标	18	传感器安装	自动化装备	2
		19	数控打标	打标机	1

（续）

工位号	工位名称	作业工序号	作业工序名称	设备名称	设备数量
7	检验检测	20	压力试验	试验设备	1
		21	无损检测	探伤设备	1
8	产品清洁	22	产品清洁	清洗机	1
9	包装入库	23	包装入库	打包机	1

4. 紧前工序统计（见表 5-3）

表 5-3　紧前工序

编号	工序	标准工时/s	紧前工序	编号	工序	标准工时/s	紧前工序
A	封头下料	60	—	M	点焊折流板	600	L
B	折流板下料	65	—	N	封头装配	360	M、G
C	筒体下料	60	—	O	环缝焊接	800	N
D	封头成形	300	A	P	进料口焊接	300	O
E	封头冲孔	60	D	Q	出料口焊接	300	P
F	缩口	500	E	R	传感器安装	120	N、Q
G	口部整形	200	F	S	数控打标	200	R
H	折流板成形	60	B	T	压力试验	600	S
I	筒体成形	300	C	U	无损检测	200	T
J	直缝焊接	240	I	V	清洁	180	U
K	传感器冲孔	60	J	W	入库	120	V
L	折流板装配	200	H、K	—	—	—	—

5.1.4　项目关键技术

1. 冲压设备自动上下料的改造

考虑成本因素，应尽可能提高对企业原有冲压设备的利用率，对部分冲床进行技术改造；在流水作业的箱体冲压生产线中，由于板件的上下料、送料、定位都是由人工完成的，精确度、可靠性和生产效率极其低下，劳动强度大而且容易发生生产事故，因此需要设计相应的上下料装置和一台具备夹紧、定位、送料等功能的移动平台，完成生产线的总装配设计，模拟生产线上工件的加工情况，检测干涉情况并进行纠正。模型如图 5-3 所示。

2. 生产线的生产系统仿真与平衡优化

复杂生产系统的生产线平衡优化需要通过生产系统建模仿真来进行测算和

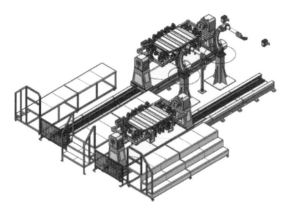

图 5-3　冲压设备自动上下料模型

评定。利用 Plant Simulation 仿真软件进行仿真，折流板装配和封头为装配工位。各个工位间用传送带连接。各个仿真工位的处理时间由统计的标准工时确定。设置各个工位的故障率为 5%，平均修复时间（MTTR）为 5min。人员排班情况为三班倒，早班 8：00—16：00，中班 16：00—24：00，晚班 24：00—8：00，中间各休息 1h。仿真模型如图 5-4 所示。

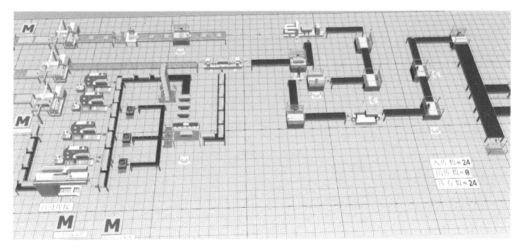

图 5-4　仿真模型

运行仿真模型，统计各个工位的数据，可以发现以封头装配焊接工位为界线，前四个工位都有大量的阻塞时间，后四个工位有大量的等待时间。可以确定封头装配焊接工位是瓶颈工位，如图 5-5 所示。

研究生产线平衡优化方案发现，对工序作业元素进行调整是最经济的优化方法。仔细研究其生产工艺可以发现，可以将瓶颈工位的某些工序进行重新分配和调整。

节拍调整优化过后的生产线布置如图 5-6 所示。

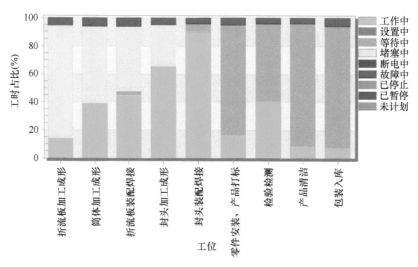

图 5-5　各工位统计信息

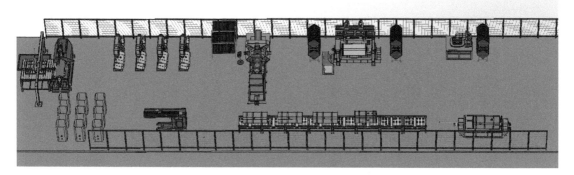

图 5-6　节拍调整优化后的生产线布置

5.1.5　项目实施效果

优化后效率提升了 28%，人员利用率提升了 33%。据估计，通过生产系统仿真优化后，该条生产线每年的产能可以增加 12%，生产线的直接经济效益提高了 2000 万元。

为了进一步持续不断地优化产线节拍，技术专家还给出 9 条改进建议，期望企业在后续的生产过程中不断地进行精益优化，具体内容如下：

1）对于影响汽车油箱质量的机器设备和工装，应定期进行设备性能检查与维护。

2）定期对设备运行状态进行分析，尤其是关键设备的关键精度和性能项目应进行全方位调查，查明原因并采取相应对策。

3）制定设备维护保养制度，凡是在用的设备均必须完成日常保养，日常保养由使用该设备的操作人员负责并实施。

4）规定设备的操作规程，确保操作人员正确使用设备，并做好设备故障记录。

5）各工序使用的设备、工装及模具必须符合工艺规程的规定标准。

6）对于发生故障的机器设备，维修人员应尽快修理，对修理后的机器要重新进行性能、精度等验证，确保产品质量符合标准后，方可投入使用。

7）车间设专人负责管理工装、模具，建立工装、模具清单，并对其进行标识。

8）工装、模具摆放至规定区域，以防止非正常损坏或混堆混放。

9）操作人员按规定正确使用计量器具、检验设备，保证其精度和准确性，并由专人负责管理，定期进行检验、校准，不合格的应及时修复、纠正，检验合格后才可以使用，完全失效的应申请报废。

5.1.6 项目总结

当前我国制造业的生产线很多都存在生产效率低、产量不达标、布局不合理、车间内部存在大量浪费等问题。这些问题约束了相关企业的实际生产能力，导致企业不能按时完成生产任务，并且生产成本较高。调查发现，混乱、不规范的车间布局会使企业的生产花费增加25%～35%，而生产成本大约占企业总成本的40%，因此合理的布局可以帮企业节省大量成本。一个良好的生产线，能够按照一定节拍均匀生产，不存在缓冲区的堆积现象，设备的利用率高，质量可靠性高，智能化程度高，可以实现"一个流"生产。一个完善的车间布局，车间内物料的运输路线短，搬运的成本低，人员的配置合理，物流路线不存在交叉、回流，物流效率高，在给企业带来收益的同时也增强了企业的竞争力。

本案例给某汽车油箱生产线的车间物流水平做了改善与提升，对冲压上下料的工位进行了自动化设计，提升了整线的自动化率，同时结合生产系统仿真技术，评估测算了整条生产线的产能，结合精益改善与线平衡优化的方法，将整条生产线的效率提升了28%，使企业的直接经济效益增加了2000多万元。

5.2 案例二：智能制造诊断服务

5.2.1 项目概述

中国是制造业大国。随着人口红利的逐渐消失及新一代信息技术的飞速发展，我国正从高速发展向高质量发展转变。这种趋势对制造业而言，意味着制造业企业向智能制造升级的需求日益增加。进入 21 世纪以来，新一代信息技术迅猛发展，数字化、网络化、智能化技术在制造业广泛应用和不断发展，是新工业革命发展的主要动力。

2015 年以来，国家陆续出台了"中国制造 2025""互联网+"等产业政策，以推动我国制造业转型升级。进入 2018 年，工业互联网相关政策更是持续加码，2018 年 2 月工信部开展工业互联网"323"行动，并实施工业互联网三年行动计划，紧接着工业互联网专项工作组成立，统筹协调我国工业互联网发展工作。2018 年政策频出，反映了国家希望以推进供给侧结构性改革为主线，以"中国制造 2025"和"互联网+"为手段，依托工业互联网，促进新一代信息技术与制造业的深度融合，从而推动制造业的转型升级。在政策引导推动下，中国智能制造业在制造业中扮演越来越重要的角色，行业规模快速增长。

智能制造给制造企业带来的帮助和收益可以使企业避免传统工业发展模式下主要依赖土地、劳动力、资本、生产设备等生产要素导致的进入门槛低、规模化扩张快、产能过剩、恶意竞争和低端化发展等问题。智能制造所带来的数据资源的客观性、及时性、完整性和高应用性为企业提高信息流、业务流和资金流的综合集成协同能力，大幅提升企业优化配置制造资源的效率和水平提供了条件。并且，智能制造建设工作下所累积的丰富数据资产可以不断进行扩容、复用、复制共享，体现出数据资产相较于传统生产要素的高持续性和高转化性，为传统生产要素的稳定和持续增长提供数字化支持。

智能制造是"中国制造 2025"的主攻方向，是新一代信息技术与制造业深度融合的高级形态。近几年，全国各省市工信部门也相继出台了智能制造相关政策，并积极推进开展智能制造诊断服务。

智能制造诊断服务工作是企业向数字化、智能化发展的第一步。只有通过智能制造诊断服务为企业"问诊把脉"，找出真正制约企业向智能化发展的原因，才能为企业规划可实现、可落地的智能制造规划路径。智能制造诊断服务不应只停留在咨询诊断阶段，不应仅结束于咨询诊断报告书，而是应该根据诊断结果中企业的现存生产问题和技改需求，进一步落实到企业智能制造专项培训和技改项目中。

北自所认为智能制造诊断服务支持体系分为三个阶段：诊断→培训→技改。整体依托科学的方法和专家的经验，通过咨询诊断服务，形成精准的企业诊断报告，并制定有针对性的战略咨询规划方案，为企业后期的转型升级设计合理的发展路径，帮助本地企业进行智能制造整体规划建设。基于前期诊断结果，将企业问题分类并进行培训指导，最终落实到技改项目中，实现企业智能制造水平的实质性飞跃,如图 5-7 所示。

1. 诊断咨询

组织诊断咨询专家团队,为企业提供一对一的咨询诊断服务。按照《智能制造水平评价指标体系》的要求,通过标准的评价体系、完整的诊断流程以及科学的诊断工具,客观展现企业现状,通过科学的方法和专家的经验,采用企业自评与专家现场调研相结合的方式,形成精准的企业诊断报告,并制定有针对性的战略咨询规划方案。

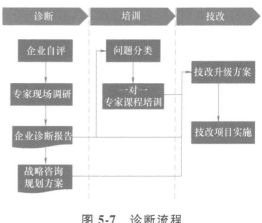

图 5-7 诊断流程

2. 企业培训

通过诊断咨询服务,服务团队收集到一系列本地企业关心的热点问题,并在本地开展专题集中培训活动(培训活动可以与第一阶段的诊断服务同步进行)。

依托专家资源库,针对诊断结果,对企业问题进行分类,通过组织各类主题的专业课程培训,包括精益生产管理基础、生产设备、生产线、车间自动化技术、数字化智能化改造路径和案例等,帮助企业解决技能、工艺、管理等问题。也可根据企业自身情况,组织专家进驻企业,进行一对一培训。

3. 智能制造技术改造

根据前期诊断和培训,全面设计企业发展规划路线后,可根据规划路线,为企业规划智能制造技术改造实施方案。通过技术改造,帮助企业实现工艺提升、降本增效,推动制造业供给侧结构性改革。

5.2.2 项目需求分析

制造业尚处于智能化起步阶段,还有很大的发展空间。目前大多数企业仅完成了智能制造体系中部分环节的建设,如生产线硬件设备改造和企业资源管理智能化等,智能设计、智能管理等方面相对滞后,"智慧工厂"体系还未建立。

制造业企业具有产品种类多、技术含量高、产品质量要求高、生产周期要求短、技术更新速度快的行业特征,面临设备管理精度不够、不同产品间的生产排产切换慢、生产管理效率低、产品质量管控不够等行业痛点,亟须加快基于工业互联网平台的数字化转型步伐,全面提升设备管理、研发管理、产品质量管理、供应链管理等环节的数字化水平。

当前企业在智能制造方面存在的问题主要包括：

1）研发环节薄弱，自主创新能力不足。

2）增长方式仍较粗放，结构性矛盾仍然存在。

3）结构性、区域性和季节性生产要素供给制约仍然存在。

4）设备多为单机自动。

5）网络设施有待完善。

6）信息系统应用不足。

7）创新投入不断增加。

8）设备管理从粗放管理向精密管控转变。

9）制造生产从手工组装向人机协同转变。

10）质量检测从人工检测向智能检测转变。

开展智能制造诊断服务是推动企业数字化转型提升的重要切入点和有效抓手。在智能制造相关政策的指导下，各级政府大力推动智能制造发展，企业积极参与相关技术产业布局和转型实践，但也存在企业发展智能制造缺乏阶段性目标指引、没有清晰的发展路径等挑战，亟须权威、客观、可操作性强的第三方能力评估、落地方案规划和实施指导服务支撑，着力破解企业在实施智能化改造中存在的技术、人才、管理等难点问题，深入实施智能制造。

5.2.3 项目总体设计

1. 智能制造诊断目标

1）为企业提供智能制造发展水平诊断服务。

2）深入企业进行实地调查研究，运用先进的智能制造理念和技术，结合工业企业现有生产车间实际情况，识别企业智能车间建设所存在的问题和整改需求，为企业提供智能车间诊断服务。

3）为企业梳理战略、优势、能力、信息化规划和内外部协同制造之间的匹配关系。

4）识别企业智能车间的重点改造升级方向，帮助企业完成智能车间顶层设计，初步形成智能制造转型升级架构。

5）编制企业智能车间诊断方案，促进企业智能车间改造设计方案的基本落地。

6）促进企业从设备单项应用向集成联网应用、创新应用、设计开发与生产联动协同等智能化生产方式迈进，实现智能制造建设目标。

2. 智能制造诊断理论框架

2018年，在国家发展改革委的指导下，由国家信息中心、北自所、青岛海尔集团等单位联合发起成立了"中国智能制造发展水平评估联盟"（以下简称"联盟"）。联盟定位于建立科学的智能制造发展水平评估体系，组织开展智能制造发展水平评估诊断工作，为我国智能制造发展提供有力的指导依据。北自所作为联盟的主要单位之一，从专业的角度，积极参与我国智能制造发展水平评估工作。

另外，北自所是《智能制造水平评价指标体系》编写的组织单位。该评价体系体现了先进制造、工业互联网、人工智能、大数据、云计算等技术在制造业企业的应用程度；同时，从企业发展战略与组织、产品研发设计创新能力、产品智能化水平、运营管理能力、生产制造能力、客户服务能力等维度评价企业智能制造发展水平。《智能制造水平评价指标体系》是对制造企业实施数字化改造诊断咨询服务的理论基础和有效工具。通过这样的工具，可以使企业更好地了解自身的优势和不足，为他们的未来发展提供有效的参考和建议。

指标体系从战略与组织、智能设计、智能产品、智能运营、智能生产、智能服务、业务协同、智能决策、工业互联网平台应用/建设能力、经济效益等维度对企业的智能制造发展水平进行了评价，如图5-8所示。

评估最终得出企业智能制造发展水平等级，分别用 A、AA、AAA、AAAA、AAAAA 表示。

A级（基础入门）：智能制造内容包含在部门级的规划中，实现二维设计、二维出图和内部设计过程协同，实现一些单项信息化管理，产品及装备停留在自动化和数字化的阶段。

AA级（初级智能）：智能制造规划包含在企业战略规划中，实现三维设计、二维出图，并实现计算机辅助工艺设计，实现业务财务一体化，生成物料需求计划、车间作业计划，实现关键工序、人员、设备的数据采集，建立客户服务、产品故障、维修方法知识库。产品具有感知、执行能力，实现基本的智能控制。

AAA级（中级智能）：有独立的部门级的智能制造规划；企业开展基于模型定义（MBD）的产品设计、工艺设计、模拟仿真，实现面向制造和工艺的设计；生产计划系统全面运行，实现闭环控制；数字化、智能化装备占有较高比例，生产设备实现联网，使用信息系统管理生产过程的人、机、料、法、环、测等数据；产品具有感知、数据采集、存储、传输、决策和优化控制的能力。

AAAA级（高级智能）：有独立的企业级智能制造规划和完善的智能制造管理体系；企业开展数字化样机、模拟仿真应用，实现供应商和客户参与设计；实现供应链的计划与控制，企业内部实现设计制造一体化；供应链企业接入工业互联网，实现全程互联；基于大数据技术和人工智能技术，实现跨部门决策支撑；基于人工智能等技术，产品具有机器学习、优化控制、远程运维、预测性

图 5-8 诊断指标

维修的能力。

AAAAA 级（卓越智能）：有滚动、闭环的智能制造规划和指标考核体系；大数据、云计算、人工智能等技术广泛应用于设计、经营、生产、服务等业务，实现业务的自动优化；产品具有深度学习、自优化、自修复、仿生能力等，最终实现信息物理系统（CPS）与物理世界的高度集成。

3. 智能制造诊断服务方案

智能制造诊断服务通常通过政府采购服务的方式，征集优秀的智能制造诊断服务商，深入企业进行实地调查研究，运用先进的智能制造理念和技术，结合工业企业现有生产车间（工厂）实际情况，围绕企业智能车间（工厂）建设需求和存在问题，为企业提供智能车间（工厂）诊断服务，帮助企业进行顶层设计，并编制企业智能车间（工厂）建设顶层设计方案。促进企业从设备单项应用向集成联网应用、创新应用、设计开发与生产联动协同等智能化生产方式迈进，实现智能车间（工厂）建设目标。同时，深入分析行业现状，结合行业企业现有的生产经营情况和智能化技术应用情况，编制行业调研分析报告。通过智能制造诊断服务工作，切实帮助企业深入认识自身智能制造发展水平，有效开展智能化改造工作，帮助企业降本增效。

（1）诊断服务项目组织　为保障智能制造诊断项目工作的有效展开，提高工作效率，更好更快地完成各项任务，成立诊断咨询服务项目领导小组，项目管理办公室统筹协调项目工作有关事项。同时，根据项目实施工作的需要，成立由项目委托方、相关专家等共同组成的项目组织（见图 5-9）。

（2）诊断服务工具　智能制造发展水平评价系统紧紧围绕国家推进制造业转型升级的目标，结合先进制造、工业互联网、人工智能、大数据、云计算等技术的融合与创新程度，以企业发展战略和打造可持续竞争优势的需求为引领，以产品研发设计创新能力、产品智能化水平、运营管理能力、生产制造能力、客户服务能力等为发展智能制

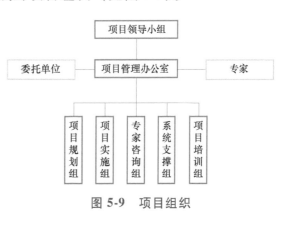

图 5-9　项目组织

造的出发点和落脚点，进行智能制造发展水平评估，系统如图 5-10 所示。

1）专家诊断评价系统是专门为诊断咨询专家提供的专家端系统，它作为智能制造发展水平评价系统的补充，帮助专家在现场调研、访谈、取证的过程中随时进行记录，使得诊断咨询工作更具有时效性，减小因调研环节信息遗漏对

图 5-10　智能制造发展水平评价系统

服务结果的影响。

2）专家问问在线咨询系统依托中机云创工业互联网平台海量的专家资源库，提供行业技术专家、专业工艺专家、智能制造专家和精益管理专家等不同专业方向的专家资源。用户直接通过微信端入口登录到专家问问系统，即可向专家提问，进行互动。

（3）项目管理　依托智能制造发展水平评价系统和智能制造技术服务能力，结合北自所各中心制定合理的综合管理制度，建立高效的组织体系，构建、完善项目日常工作流程和应急响应预案。

配备相关技术人员，确保项目管理组织和对应职能，根据不同区域、行业、体量的制造企业来进行项目运营管理划分；依据相关制度，严格执行项目运营维护管理制度，做好项目监控等保障工作，并记录和归档项目运营档案，保证项目的正常高效运转。

统筹安排项目日常运营管理，配合政府工信部门进行诊断情况汇报工作和面向制造企业的智能制造相关领域的主题培训；协助项目管理小组进行日常诊断进度记录和进度质量考评，日常测试并维护相关诊断支撑信息系统，及时修正系统出现的问题，更新系统。

（4）培训管理　诊断咨询培训工作需要分层次、分阶段、循序渐进地进行。培训对象主要包括如下几个类型的人员：管理层、车间生产技术人员、普通员工。培训负责人会将签到表、培训反馈表、学员考试成绩汇总，提交给本次诊断咨询服务项目负责人，作为培训的验收依据。

（5）档案管理　在项目建设过程中，将执行严格的文档管理制度。文档按照诊断咨询项目前期准备、项目调研、项目实施、项目报告、项目验收、项目售后六个阶段分别进行管理。

为确保咨询诊断服务项目的顺利实施，在项目实施过程中，需要制定严格的安全保密制度，执行严格的安全保密措施，包括四方面的内容：管理策略、组织结构、管理制度、管理人员。

（6）售后服务　北自所向受诊断服务企业提供售后服务，满足企业信息化建设各阶段的需求。

4. 实施步骤

智能制造诊断服务项目流程如图 5-11 所示，分为三个阶段、十个节点。三个阶段分别是项目准备阶段、项目实施阶段和项目结案阶段；十个节点分别是范围确定、计划编制、企业自评、项目启动会、沟通访谈、信息采集、初步结论、高层沟通、报告编制和报告汇报。

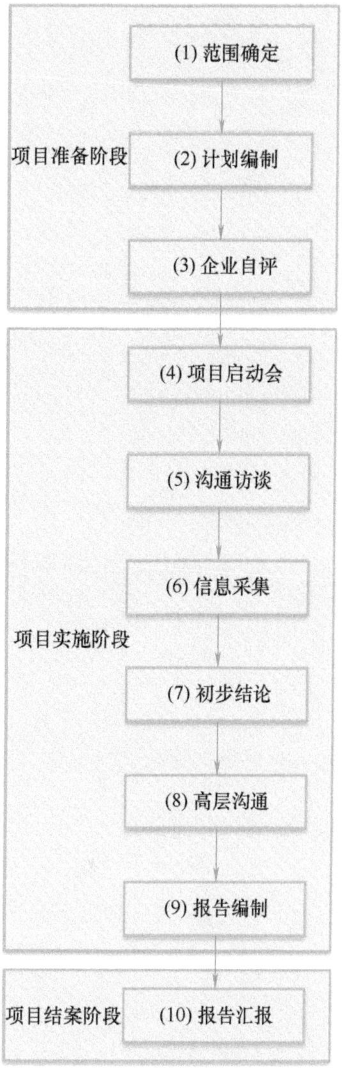

（1）范围确定　受评估方在确定诊断评估项目后，首先需要明确评估的范围和内容。评估范围按照智能制造水平评价体系一级指标进行选择。其中"战略和组织"维度作为受评估方实现智能制造的核心能力，不可剪裁，受评估方可根据自身业务活动对其他涉及的模块进行剪裁，可选择智能设计、智能经营、智能生产、智能服务、智能决策、智能产品、系统集成、工业互联网平台应用能力和经济效益中的一个或多个一级指标进行评估。

（2）计划编制　在现场评估前，应组建诊断评估工作组，诊断评估团队成员由有经验、具备诊断评估能力的人员组成。诊断评估团队成员应收集和评审与其承担的评估工作相关的信息，并准备必要的工作文件，用于评估过程的参考和记录评估证据，包括评估检查表以及根据《智能制造水平评价指标体系》形成的评估问题。

在实施诊断评估活动时，应按照既定的诊断服务方案进行，诊断评估团队根据诊断服务方案形成不同阶段的诊断评估计划。诊断评估计划包括诊断评估范围和程度、诊断服务持续时间、诊断服务责任和分工、诊断评估风险、诊断评估所需资源、保密信息和安全等内容。

图 5-11　智能制造诊断服务项目流程

（3）企业自评　企业自评主要指受评估方进行智能制造发展水平等级的初步自我识别和判断，此阶段企业按照《智能制造水平评价指标体系》进行自评、填写问卷。

（4）项目启动会　项目启动会是诊断服务团队进入企业正式开始项目诊断实施阶段的启动动员大会。参会人员包括诊断咨询团队以及企业高层领导、评估板块负责人、业务骨干，以及其他参与项目的企业相关人员。

项目启动会需要介绍的内容包含项目背景、项目目标、项目范围、项目计划与周期、工作方式（项目实施指南）以及注意事项（项目风险），还包括评估体系简介和项目团队简介。

企业负责人需要明确项目的重要性，动员受评估方人员积极配合智能制造发展水平评估。

（5）沟通访谈　按照诊断范围，项目经理需要事先制作一份详细的访谈计划并与企业沟通确认。访谈计划应包含但不限于具体访谈时间地点、双方应参与的人员、访谈内容概要。

按照沟通访谈计划与企业进行座谈交流，在这一过程中灵活运用智能制造发展水平评估指标及指标相关问题集，诊断团队可根据企业及行业的特殊性进行问题调整。

完成所有智能制造评估指标的访谈信息采集后，诊断团队内部需要讨论确定证据采集问题点。

（6）信息采集　在实施诊断的过程中，应通过适当的方法采集诊断信息，收集并验证与企业发展智能制造相关的信息，将收集的诊断信息与诊断标准进行对比，形成诊断结论。采集和验证诊断信息的方法包括：在受评估方参与的情况下完成问卷、面谈、观察、现场巡视、操作系统演示等。

（7）初步结论　完成信息采集工作后，诊断团队得出企业智能制造发展水平的初步结论。项目经理根据受评估方的规模、诊断范围、项目团队组成确定获取初步结论的方式方法。

（8）高层沟通　诊断团队得出初步结论后需要与受评估方高层进行沟通，借此了解企业车间/工厂现状的实质或战略意图，并对个别问题进行诊断结论求证，尽量与企业高层就诊断结果达成共识。

（9）报告编制　诊断团队应基于已采集的诊断数据与诊断准则进行对照，计算受评估方的分数，并给出对应的智能制造发展水平等级。诊断团队应告知受评估方在诊断过程中遇到的可能降低诊断结论可信程度的情况，应与受评估方就诊断结论达成一致，识别改进机会，提出改进建议，并由诊断咨询团队出具智能车间建设设计方案或诊断报告书。

（10）报告汇报　针对诊断成果向企业高层及生产管理人员进行总结汇报。

5.2.4　项目实施效果

1. 帮助政府全面系统地了解区域、行业制造企业智能制造水平现状，精准定位企业短板及瓶颈

评价平台是诊断培训服务的基础、服务实施工具和数据分析工具，诊断培训服务为评价系统提供基础数据。

通过诊断培训服务收集企业智能化发展水平评估数据，并应用大数据技术勾勒出各省市智能制造水平数据画像。通过数据画像，可进一步编制针对企业的智能化评价标准，为下一步各省市智能制造发展工作的部署提供有力的工具和手段。

2. 建设科学的智能制造评价标准，指导行业内企业进行智能制造改造升级

评价标准可为企业智能化水平评定提供评判标准和依据，并为下一步各省市智能制造发展工作的部署提供有力的工具和手段。

通过平台大数据分析结果，依托专家经验，针对 5 个行业进行标准编制，标准的确定可以对行业内企业的智能制造升级进行指导。

3. 促进制造业转变发展理念

让企业克服盲目重视生产总值的弊端，提升企业对政策的认知程度；帮助地方政府在了解当地各个行业经济现状的基础上，实现对制造业的统筹发展，有针对性不断加大制造业发展的资金和政策扶持力度，推进制造业的技术改进，并对制造业智能化发展进行量化科学考核。

4. 促进传统产业结构转变

实现在对企业智能化水平进行深入调研的基础上，对制造业的发展前景进行合理预估；推动企业应用工业互联网、大数据等先进制造技术，提升产品质量，提高产品竞争力，促使制造业的发展能够充分迎合现阶段先进制造业的发展趋势，着力打造高端产品，促进产业结构转型。

5. 充分发挥市场主体价值

结合本地制造业特色，充分发挥标准化战略，制定行业智能化发展评估标准，提升本地企业智能化水平，为制造业口碑的提升奠定良好的基础。通过诊断服务，帮助制造业优化布局，构建完善的特色产业基地，充分发挥自身优势，实现区域内资源的优化配置，构建完整的产业链，形成制造业发展的良好基础。

5.2.5　项目总结

近年来智能制造诊断服务的实施，初步建立了分行业智能制造诊断服务技术支撑体系，为企业提供智能化改造"一对一"入户诊断并提供个性化诊断报告。通过诊断服务引导，推动企业实施智能化改造，建设数字化车间/智能工厂，推广应用离散型、流程型、大规模个性化定制、远程运维服务、网络协调制造等智能制造新模式，不断提升制造业研发、生产、管理和服务的智能化水平。

北自所简介

　　北京机械工业自动化研究所有限公司（以下简称"北自所"）创建于1954年，是原机械工业部直属的综合性科研机构，1999年转制为中央直属大型科技企业，现隶属于国资委监管的中国机械科学研究总院集团有限公司。

　　北自所总部和研发基地设在北京，占地面积12万平方米，生产基地建在常州，占地面积6万平方米。现有在岗职工1200余人，其中工程技术人员900余人。拥有9个研究开发事业部、4个控股公司以及"制造业自动化国家工程研究中心""智能化系统集成应用体验验证中心"等7个国家级、省部级创新机构；依托有"国际仿生学标准化技术委员会""全国机器人标准化技术委员会""全国自动化系统与集成标准化技术委员会"等13个国际、全国性行业组织；获批设立国家级博士后科研工作站，是国家批准的"控制理论与控制工程""计算机应用技术"两个专业的硕士学位授予点，已培养硕士研究生近300人；编辑发行两本中文核心期刊《制造业自动化》和《液压与气动》。

　　自成立以来，北自所承担了多项国家攻关任务，完成制定300余项国家标准，取得科研成果600余项，为国家重大工程和企业的技术进步做出了卓越的贡献，成功研制了我国第一台液压伺服喷涂机器人、我国第一座自动化立体仓库、我国第一台高能电子直线加速器、我国第一个拥有自主知识产权的MRP Ⅱ软件、我国首创的MIC系列可编程序控制器等高新产品。先后承接了三峡水利电站闸门启闭机电气控制系统项目，中车长江车辆系列ERP项目，潍柴动力发动机柔性数字化车间项目，西电集团西开装配智能制造数字化车间项目，珠海银隆模组组装及Pack线项目，安徽合力叉车自动化搬运、焊接和涂装生产线项目，平煤神马集团2.5万吨BOPA薄膜项目，五粮液集团智慧物流系统工程项目等数百项重大工程，为我国装备制造业自动化技术的发展发挥了重要作用。

　　北自所致力于成为国内一流、国际知名的行业智能制造全面解决方案提供者，努力引领我国装备制造业自动化、信息化、智能化、集成化技术的创新与发展。

【组织机构】

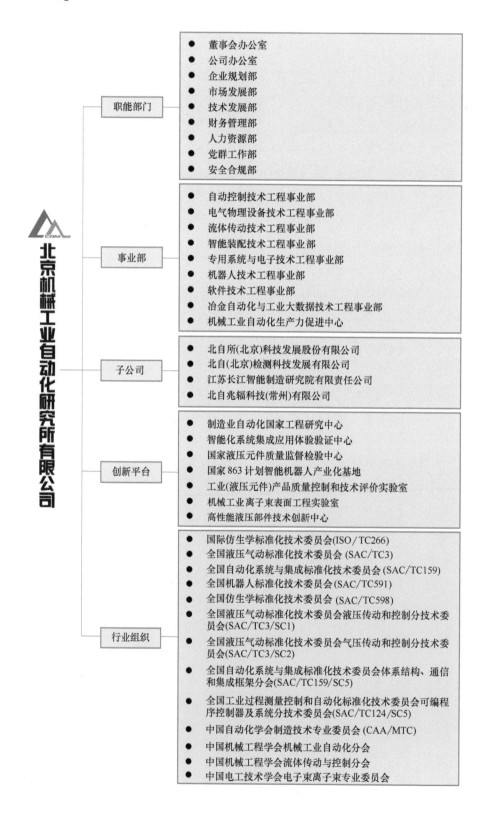

北京机械工业自动化研究所有限公司

职能部门
- 董事会办公室
- 公司办公室
- 企业规划部
- 市场发展部
- 技术发展部
- 财务管理部
- 人力资源部
- 党群工作部
- 安全合规部

事业部
- 自动控制技术工程事业部
- 电气物理设备技术工程事业部
- 流体传动技术工程事业部
- 智能装配技术工程事业部
- 专用系统与电子技术工程事业部
- 机器人技术工程事业部
- 软件技术工程事业部
- 冶金自动化与工业大数据技术工程事业部
- 机械工业自动化生产力促进中心

子公司
- 北自所(北京)科技发展股份有限公司
- 北自(北京)检测科技发展有限公司
- 江苏长江智能制造研究院有限责任公司
- 北自兆辐科技(常州)有限公司

创新平台
- 制造业自动化国家工程研究中心
- 智能化系统集成应用体验验证中心
- 国家液压元件质量监督检验中心
- 国家863计划智能机器人产业化基地
- 工业(液压元件)产品质量控制和技术评价实验室
- 机械工业离子束表面工程实验室
- 高性能液压部件技术创新中心

行业组织
- 国际仿生学标准化技术委员会(ISO/TC266)
- 全国液压气动标准化技术委员会 (SAC/TC3)
- 全国自动化系统与集成标准化技术委员会(SAC/TC159)
- 全国机器人标准化技术委员会(SAC/TC591)
- 全国仿生学标准化技术委员会 (SAC/TC598)
- 全国液压气动标准化技术委员会液压传动和控制分技术委员会(SAC/TC3/SC1)
- 全国液压气动标准化技术委员会气压传动和控制分技术委员会(SAC/TC3/SC2)
- 全国自动化系统与集成标准化技术委员会体系结构、通信和集成框架分会(SAC/TC159/SC5)
- 全国工业过程测量控制和自动化标准化技术委员会可编程序控制器及系统分技术委员会(SAC/TC124/SC5)
- 中国自动化学会制造技术专业委员会 (CAA/MTC)
- 中国机械工程学会机械工业自动化分会
- 中国机械工程学会流体传动与控制分会
- 中国电工技术学会电子束离子束专业委员会